人工智能赋能百业

面向非计算机专业

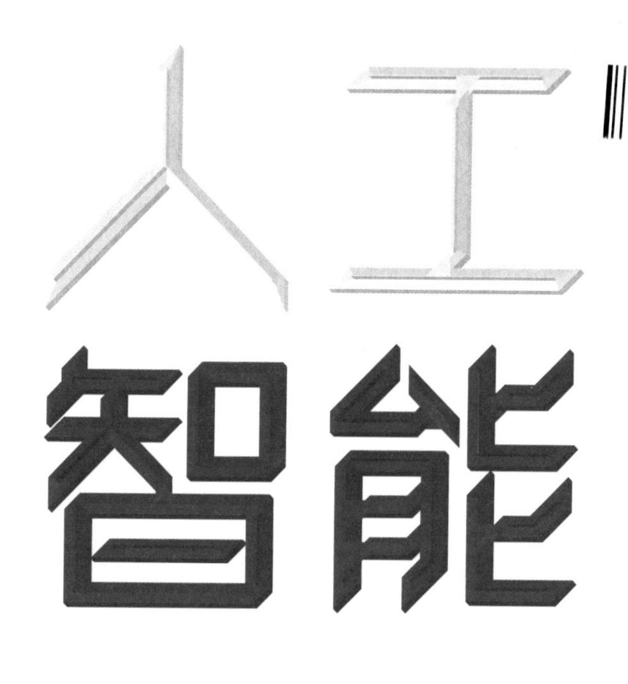

人工智能

基础与应用

INTRODUCTION
TO ARTIFICIAL INTELLIGENCE

司呈勇　汪　镭　主编

上海市人工智能学会
同济大学电子与信息工程学院　联合指导

同誉华成（上海）智能科技有限公司　技术支持

复旦大學出版社

编 委 会

前言

人工智能用科技革命和产业革命，深刻地影响着国家政治、经济、文化以及人类社会和世界面貌。为了抓住人工智能发展的战略机遇，各国家争相制定国家层面的发展规划。

2017年，人工智能首次被写入政府工作报告。同年7月，国务院印发《新一代人工智能发展规划》，为人工智能发展绘制蓝图，要求构筑我国人工智能先发优势，加快建设创新型国家和世界科技强国。2018年，教育部发布《高等学校人工智能创新行动计划》，强调人工智能领域专业建设的重要性，提出培养人工智能应用领域技术技能人才。2019年，国家主席习近平在国际人工智能与教育大会中指出："把握全球人工智能发展态势，找准突破口和主攻方向，培养大批具有创新能力和合作精神的人工智能高端人才，是教育的重要使命。"

在一系列政策导向下，人工智能教育研究进入爆发式增长态势。但是，由于新学科、新内容、新模式和新需求等特点，人工智能职业教育还存在学科建设、人才培养、教学内容等一系列落地问题，有待政府、学校、企业协作解决。如何培养人工智能基础应用型人才，如何有效开展人工智能产教融合，是摆在职业院校面前的难题。

智能科技与智能产业发展，离不开领域人才培养。为此，我们成立课题组，旨在为广大师生提供人工智能通识化教材，全面阐述人工智能基础知识。编写团队根据职业教育的特点，通过实践案例帮助学生认识、了解并应用人工智能技术，让学生体验"做中学"的乐趣，提升学生的科学创新能力。

本书共6章。第1章介绍人工智能的基本概念、发展阶段和主要研究内容。第2章介绍人工智能相关的数学概念、常用软件工具。第3章介绍感知智能，包括计算机视觉和模式识别的基本概念、原理及应用。第4章介绍认知智能，包括搜索技术和知识图谱的基本概念、原理及应用。第5章介绍语言智能，包括自然语言处理和语音识别的基本概念、原理及应用。第6章介绍智能机器人系统，阐明机器人基本组成和智能控制技术的基础原理。

由于编者水平有限，书中难免存在不足和缺漏，不妥及错误之处恳请广大读者提出宝贵的建议。

目录

第1章 人工智能简介

2021年,"元宇宙"进入大众视野,这一概念来源于1992年国外科幻作品《雪崩》。清华大学教授沈阳将元宇宙描述为"整合多种新技术而产生的新型虚实相融的互联网应用和社会形态"。在开发元宇宙的众多技术中,人工智能(Artificial Intelligence, AI)举足轻重:小到数字角色的塑造,大到复杂数字环境的生成,甚至是整个底层算法的优化,都离不开人工智能技术的支持。

一家叫作Soul Machine的技术公司在其开发的人工智能平台Human Os上,发布了各种逼真的数字虚拟人(图1-1)。在语音识别、图像识别等人工智能技术的加持下,这些数字虚拟人不仅可以通过麦克风和用户对话,而且可以通过摄像头捕捉用户的面部表情并做出相应的反应;基于深度学习技术,这些数字虚拟人通过用户或他们服务的企业的输入来学习人类或公司的文化,理解人类的语言和情绪并表现出同理心;通过三维超算引擎,数字虚拟人拥有高仿真的表皮肌理,可以精准地表达出专注、体贴、乐观、悲伤等一系列人类的情感,并做出流畅自然的肢体动作。人工智能技术能够让用户在与这些数字虚拟人交互时身临其境,从而建立深层次的联系。

图1-1 Soul Machine公司的数字虚拟人

图片来源:https://www.soulmachines.com/human-os-platform/

目前,Soul Machine业务已经涉足消费品、娱乐、金融服务、医疗、教育、电子商务等多个领域,如帮助娱乐公司和观众建立联系,提高消费者的黏度,为金融机构节省人力成本,帮助医疗机构为患者提供人性关怀,向学生和家长提供咨询,这些工作都由各类数字虚拟人来完成,它们用全新的方式深刻影响着各行各业。

1.1 人工智能的概念

人工智能是由计算机科学、控制论、信息论、语言学、神经生理学、心理学、数学、哲学等多种学科相互渗透而发展起来的综合性新学科。人们一直渴望制造出一台机器，该机器能够像人一样通过智能来处理问题。

在了解人工智能之前，我们先了解一下什么是智能。

1.1.1 智能

智能是智力和能力的总称。20 世纪 80 年代，美国心理学家和教育学家加德纳(H. Gardner)博士提出多元智能理论，他认为人类思维和认识的方式是多元的，并将之概括为八个方面的能力，分别是言语语言智能、数理逻辑智能、视觉空间智能、身体运动智能、音乐韵律智能、人际沟通智能、自我认知智能和自然观察智能。

人类的智能是多维度的，其概括来说就是一种在和环境交互下表达知识、获取知识和运用知识的能力，这种能力体现在身体的智能行为和心灵的智能思维两个方面。人类的智能行为体现在其身体的感知与运动：通过四肢操纵物体、控制运动，依靠五官识别声音、气味和图形，从而实现与复杂环境的交互。人类的智能思维体现在丰富的心智活动上：理解、归纳、决策等。

1.1.2 人工智能的定义及分类

1. 定义

1956 年的达特茅斯会议被视为人工智能的序幕，该会议的发起建议书中将人工智能描述为“可模仿学习的或智能的机器”，尼尔森(N. J. Nilsson)则将人工智能描述为“关于知识的科学”。2021 年联合国教科文组织在法国巴黎发布了《人工智能伦理建议书》，书中将人工智能系统定义为“有能力以类似于智能行为的方式处理数据和信息的系统，通常包括推理、学习、感知、预测、规划或控制等方面”。

一般来说，人工智能的研究聚焦在知识的表示、知识的获取和知识的应用上，并不断与其他学科相互渗透，形成不同领域的新学科，如生物信息学、计算机化学、计算语言学、互联网金融、信息医学等。

2. 分类

(1) 按照智能层级来分类

① 弱人工智能(Weak AI)。

弱人工智能也称限制领域人工智能(Narrow AI)或者应用型人工智能(Applied AI)，指的是专注于且只能解决特定领域问题的人工智能。

目前，我们耳熟能详的诸如 AlphaGo、无感支付系统、语音助手、无人驾驶等算法和应用都属于弱人工智能的范畴(图 1-2)。弱人工智能的运行都是在程序设计者规划下进行的,它和程序员是执行与命令的关系,因此弱人工智能实际是解决某一问题的一种技术手段。

图 1-2　典型的弱人工智能:手机语音助手

② 强人工智能(Strong AI)。

强人工智能也称通用人工智能(Artificial General Intelligence)或者完全人工智能(Full AI),指可以胜任人类所有工作的人工智能。

强人工智能通常被认为具备以下能力:存在不确定因素时进行推理、使用策略、解决问题、制定决策的能力;知识表示的能力,包括常识性知识的表示能力;规划能力;学习能力;有使用自然语言进行交流沟通的能力;将上述能力整合起来,实现既定目标的能力。

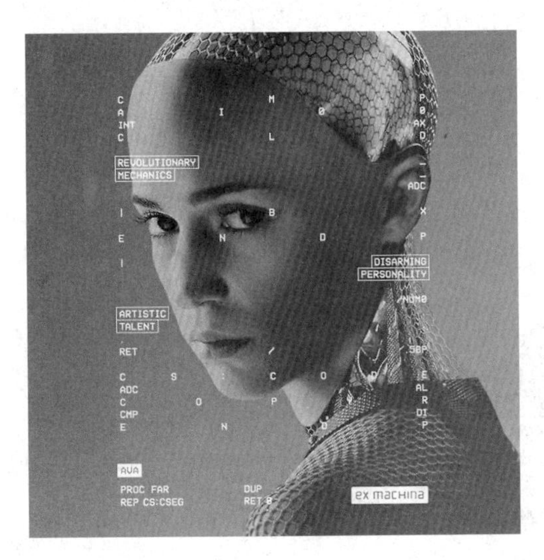

图 1-3　电影《Ex Machina》中的强人工智能“Eva”机器人

基于以上描述,我们可以推断,强人工智能可以像人类一样学习、推理、认知和解决不同领域的问题,它拥有自己的思维,并可以做出决策以及行动(图 1-3)。

③ 超人工智能(Super AI)。

假设计算机程序通过不断发展,可以比世界上最聪明的人类还聪明,那么由此产生的人工智能系统就可以被称为超人工智能。

牛津大学人类未来研究院的院长尼克·波斯特洛姆(Nick Bostrom)在他的《超级智能》一书中,将超人工智能定义为在科学创造力、智慧和社交能力等每一方面都比最强的人类大脑聪明很多的智能,并强调机器智能会对人类在地球的主导地位产生巨大威胁。

强人工智能的出现势必会带来一系列伦理问题,诸如《黑客帝国》类的科幻电影对相关问题已做出探讨,人类与 AI 如何和平共存值得所有学者们深思(图 1-4)。

(2) 按照人工智能的形态来分

① 拟人智能(模拟人类的智能活动,如思维、意识、情绪、大脑各种活动等)。

② 仿生智能(模仿狗、羚羊、马、鱼、鸟、蚁群、蜂群等)。

③ 有形智能(机器人,智能的具体载体形式呈现等)。

④ 无形智能(电脑运行的程序,如 Alpha Go,可用于诊断、预测、推理、聚类、决策、规划、分析等)。

图 1-4　电影《黑客帝国》描绘了一个被超人工智能“Matrix”控制的世界

1.2 人工智能的发展阶段

人工智能的发展阶段如图 1－5 所示。

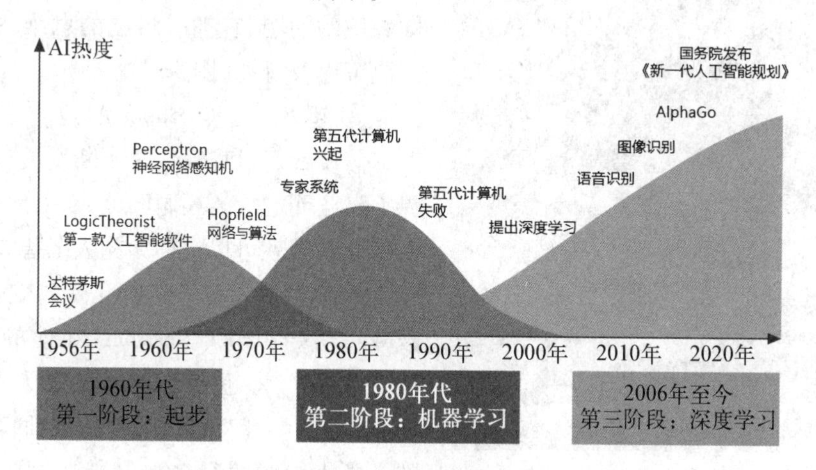

图 1-5　人工智能的发展阶段

1.2.1　人工智能的发展

1. 图灵测试

1950 年，英国数学家图灵(Alan Mathison Turing)在他的论文《计算机能思考吗》中提出“机器能思维”的观点，并设计了一个名为“图灵测试”的著名实验。该实验通过问答的形式进行测试，让测试者(人类)通过计算机终端打字的方式与两个被测试者(一个人类和一台计算机)对话，并判断被测者的身份(人类或计算机)。进行多次测试后，如果作为被测试者的计算机可以让测试者产生误判(以为被测试者是人类)的概率超过 30%，则认为计算机通过了测试，并被认为具有人类智能(图 1-6)。

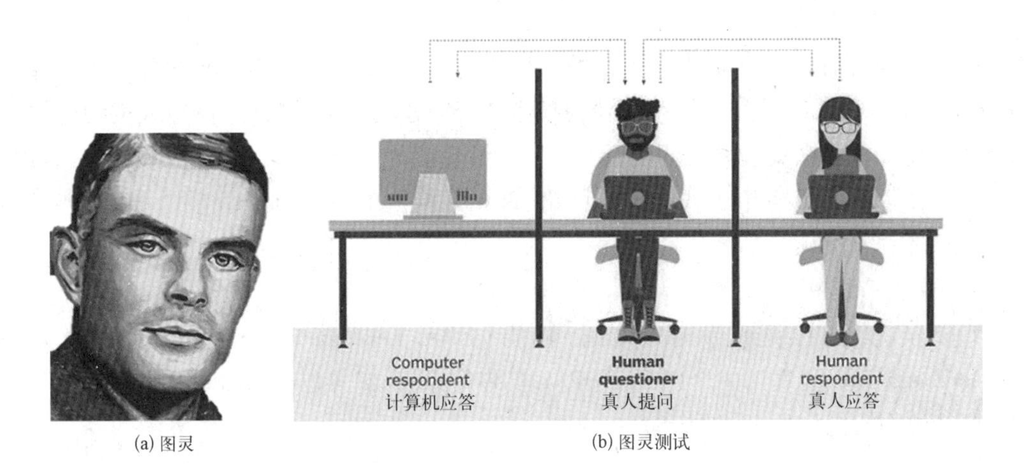

(a) 图灵　　(b) 图灵测试

图 1-6　图灵和图灵测试

2. 达特茅斯会议

1956 年，一场意义非凡的会议在美国小镇汉诺威的达特茅斯学院召开（图 1-7）。麦卡锡（John McCarthy）、明斯基（Marvin Minsky）等几位对机器智能感兴趣的科学家，号召了一批数学家、信息学家、神经生理学家、计算机科学家参与讨论，并将这个领域命名为 Artificial Intelligence（人工智能）。

图 1-7　参加达特茅斯会议的科学家

达特茅斯会议是人工智能发展史上的里程碑，标志着人工智能的诞生。1956 年也被称作人工智能元年。

3. 神经网络

早在 20 世纪 40 年代，美国控制论学家沃伦·麦卡洛克（Warren Maculloach）和逻辑学家沃尔特·皮茨（Walter Pitts）设计了一款名叫 M－P 神经元的人工神经元模型，试图探索人类大脑对信息的处理机制。1958 年，心理学家罗森布拉特(Rosenblatt)发明神经网络感知器(Perceptron)，通过迭代、试错使模型获得问题的答案，以此来模拟人类的感知能力。由于感知器无法处理异或问题及其落后的计算能力，神经网络的研究陷入发展瓶颈。直到十几年后反向传播算法、Hopfield 网络、玻尔兹曼机等一系列研究成果涌现，神经网络的发展才迎来突破。

4. 专家系统

1965 年，美国计算机科学家费根鲍姆(E. A. Feigenbaum)和化学家勒德贝格(J. Lederberg)合作研发出一个叫 DENDRAL 的专家系统，它可以根据测量数据来帮助化学家判断待测物的化学成分(图 1-8)。

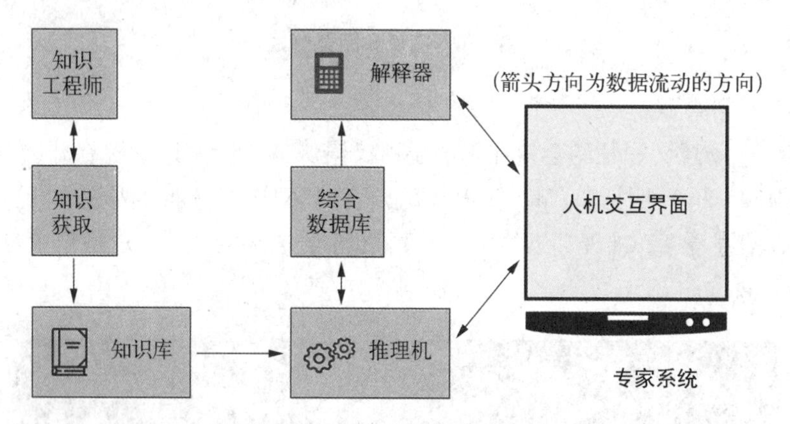

图 1-8　专家系统原理

根据费根鲍姆的定义，专家系统就是一种智能计算机程序，它运用某个专业领域的知识和推理机制，来处理特定领域的问题。专家系统既需要人类领域专家提供相关的知识库，也需要计算机科学家编写相应的推理程序，以此来完成特定的工作任务(图 1-9)。

图 1-9　超级计算机和卡斯帕罗夫对战

1980 年，由卡耐基·梅隆大学专家团队开发的 XCON 专家系统成功投入商用，给人工智能发展带来新的曙光。XCON 的巨大商业成果刺激了投资者，多个企业纷纷投入这个领域。1984 年，由数十家美国大公司联合成立的 MCC 发起了 Cyc 项目，试图建造一个包含全人类全部知识的全能专家系统，这被认为是 IBM Watson 人工智能系统的前身。

随着专家系统复杂度的提升，系统维护成本越来越高，知识获取越来越难，新旧数据的兼容越来越差，高昂的投入与不成比例的回报使得其发展陷入瓶颈。

5. 深度学习

21 世纪，得益于互联网技术的发展和神经网络研究的突破，人工智能创新研究进入快车道。

1997 年，IBM 开发的 Deep Blue 超级计算机战胜了国际象棋世界冠军卡斯帕罗夫，引起世界关注（图 1-9）。2006 年，辛顿（Hinton）提出深度学习的神经网络，奠定了现今神经网络架构的基础。2007 年，斯坦福大学华裔教授李飞飞发起 ImageNet 项目，并从 2010 年开始举办大规模视觉识别挑战赛，促使全球开发者投入人工智能图像识别算法的研究，其中就包含著名的深度卷积神经网络算法，从此，深度学习走到人工智能技术的聚光灯下。

2009 年，华裔科学家吴恩达带领团队开始研究使用图形处理器进行无监督机器学习，并成功让人工智能程序在无人工干预的情况下识别出包含猫的图片（图 1-10）。

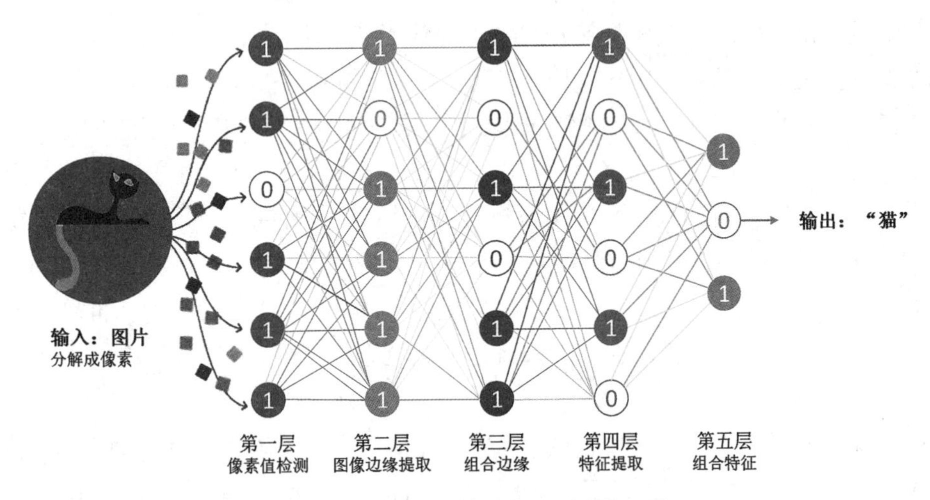

图 1-10　神经网络在图像识别中的运用

与此同时，互联网、云计算、大数据、物联网等技术不断突破，人工智能的硬件基础得到完善，应用场景逐渐丰富，一系列技术产品如图像分类、语音识别、自然语言、自动驾驶等如雨后春笋般出现。尤其在 2016 年，Google 公司的 AlphaGo 智能程序先后战胜围棋世界冠军李世石和柯洁（图 1-11），人工智能技术引发空前的关注，各国纷纷将其列入国家发展重要战略。

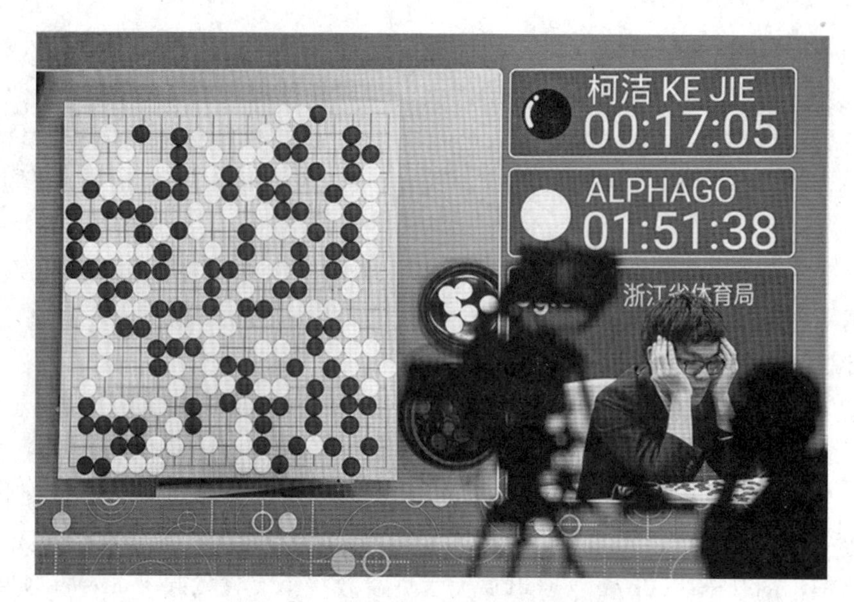

图 1-11　AlphaGo 与柯洁进行围棋比赛

1.2.2　人工智能在中国

人工智能正在迅速发展，它的高效与不知疲倦逐步释放着公众的时间，使他们能够把越来越多的精力从枯燥的任务中转移到高价值的工作里。另一方面，政府可以使用人工智能技术设计出更好的政策来改善公共服务的效率和质量。人工智能潜力巨大，世界各国都在奋力抓住这一机会，以促进国内经济和科学技术的发展。

人工智能在我国拥有成长的肥沃土壤：国家层面，中央于 2017 年发布《新一代人工智能发展规划》以加强人工智能布局，并将人工智能技术纳入“新基建”范畴，大力推动各行业完成智能化转型；行业层面，传统科技大公司如华为、百度、阿里、腾讯纷纷成立人工智能事业部，近些年涌现诸如商汤科技、旷世科技、云从科技、依图科技（AI 四小龙）等人工智能企业，市场规模逐年递增；社会层面，中国目前有 8.4 亿互联网用户（世界上最大的互联网用户群体），智能手机的普及带来海量的数据资源，这给人工智能应用创造了无限市场。

据埃森哲公司预测，到 2035 年人工智能有望推动中国劳动生产率提高 27%。在《新一代人工智能发展规划》中提出，到 2030 年人工智能核心产业规模超过 1 万亿元，带动相关产业规模超过 10 万亿元。

对于中国而言，人工智能的发展是一个重大历史性机遇。抓住机遇收获“智能红利”，对缓解人口老龄化压力、应对逆全球化趋势下的系统性风险，以及促进新冠疫情下的经济复苏意义重大。

1. 国家布局

2016 年，中国工程院向国家提交了一份《建议我国启动“中国人工智能 2.0”重大科技计划》的建议书，得到国家高度重视，中央随即组织全国 220 多位来自高校、科研院所、公司和政府的人工智能专家开展《中国新一代人工智能规划》的编写工作。

2017 年，国务院正式印发《新一代人工智能发展规划》。该规划作为国家层面的人工智能总体性规划，明确了我国新一代人工智能三步走的战略目标："到 2020 年，人工智能总体技术和应用与世界先进水平同步，人工智能产业成为新的重要经济增长点；到 2025 年，人工智能基础理论实现重大突破，部分技术与应用达到世界领先水平，人工智能成为我国产业升级和经济转型的主要动力；到 2030 年，人工智能理论、技术与应用总体达到世界领先水平，成为世界人工智能创新中心之一。"

2021 年，国务院发布《中华人民共和国国民经济和社会发展第十四个五年规划和 2035 年远景目标纲要》（以下简称"规划纲要"）。规划纲要强调在我国经济从高速增长向高质量发展的重要阶段中，以人工智能为代表的新一代信息技术，将成为推动经济高质量发展、建设创新型国家，实现新型工业化、信息化、城镇化和农业现代化的重要技术保障和核心驱动力之一。围绕总体目标，规划纲要在以下三个方面布局人工智能发展。

（1）突破核心技术

"十四五"期间将通过一批具有前瞻性、战略性的国家重大科技项目，带动产业界逐步突破前沿基础理论和算法，研发专用芯片，构建深度学习框架等开源算法平台，并在学习推理决策、图像图形、语音视频、自然语言识别处理等领域创新与迭代应用。

（2）打造数字经济新优势

以数字化转型整体驱动生产方式、生活方式和治理方式变革，充分发挥我国数据、应用场景的优势，实施"上云用数赋智"行动，促进数字技术与实体经济的深度融合。

（3）营造良好的数字环境

针对当前学术界和产业界关心的伦理与法律风险、人工智能技术滥用、算法杀熟等人工智能健康发展的问题，规划纲要提出要构建与数字经济发展相适应的政策法规体系。

2. 科研成果

近年来，我国科技工作者在人工智能领域的研究进展不断突破，硕果累累。

在基础理论研究方面，吴文俊院士提出了机器定理证明的吴氏方法、可拓学、广义智能信息系统论、信息—知识—智能转换理论、全信息论、泛逻辑学等具有创新特色的理论和方法，为人工智能理论的发展提供了新的理论体系。我国科技工作者还阐明了"广义人工智能"，建构了广义人工智能的体系结构，创建了信息科学方法论的"智能论"和由信息提炼知识、由知识创建智能信息转换机制，创建了泛逻辑学等。

在应用技术开发方面，中医专家系统、农业专家系统、汉字识别系统、汉英识别系统、汉英机译系统等具有中国特色的人工智能应用技术和产品不断涌现。中国科学院院士、清华大学李衍达教授提出的"知识表达的情感适应模型"独创了"信息建模"的新方法，由计算机提供候选模型，由人进行情感选择，人机合作，可以在复杂情况下通过学习有效建立满意的信息模型。

3. 行业应用

(1) 互联网消费

在中国,人工智能技术无处不在。从便捷的扫码支付到出租车的网上预约,购物、出行、商务等处处可见人工智能的身影,人工智能技术已经通过智能手机上的一个个应用程序融入人们的日常消费中。

人工智能技术提高了人们获取有价值信息的效率,也改变了企业与消费者之间的互联模式。大规模推荐算法是信息获取的重要技术之一,由深层神经网络支持的系统每天根据用户兴趣和喜好定制个性化的新闻和视频,并能根据需求推送商品信息。例如,抖音日活跃用户高达 4 亿人次,海量新闻、视频和商品数据高速交换。在这个过程中,系统实时收集用户反馈,并将其反馈到先进的分布式机器学习算法中,调整模型以用于下一个项目推荐。一些领先的消费者应用程序均是采用人工智能技术来提高信息创建、审核、传播、消费和交互的有效性和效率。

(2) 自动驾驶

随着经济的不断发展,我国汽车保有量不断增长,目前已经达到 2.7 亿辆。与此同时,由于不文明驾驶行为等原因,全国每年有数万人死于车祸。国内涌现了几家自动驾驶初创公司致力于开发可以挽救生命并提高效率的自动驾驶解决方案(图 1-12)。

图 1-12　无人驾驶汽车的应用

自动驾驶汽车依靠雷达、GPS、计算机视觉等技术感测不断变化的各种环境(包括地理、天气、交通、不同使用场景等),通过内嵌算法的处理器自动控制车辆,以摆脱不合规的人为操作,最终将事故概率降到最低并减轻城市交通的压力。

根据 2020 年中国工业和信息化部发布的《汽车驾驶自动化分级》标准,自动驾驶可以分为从 L0 至 L5 的六个等级(图 1-13)。

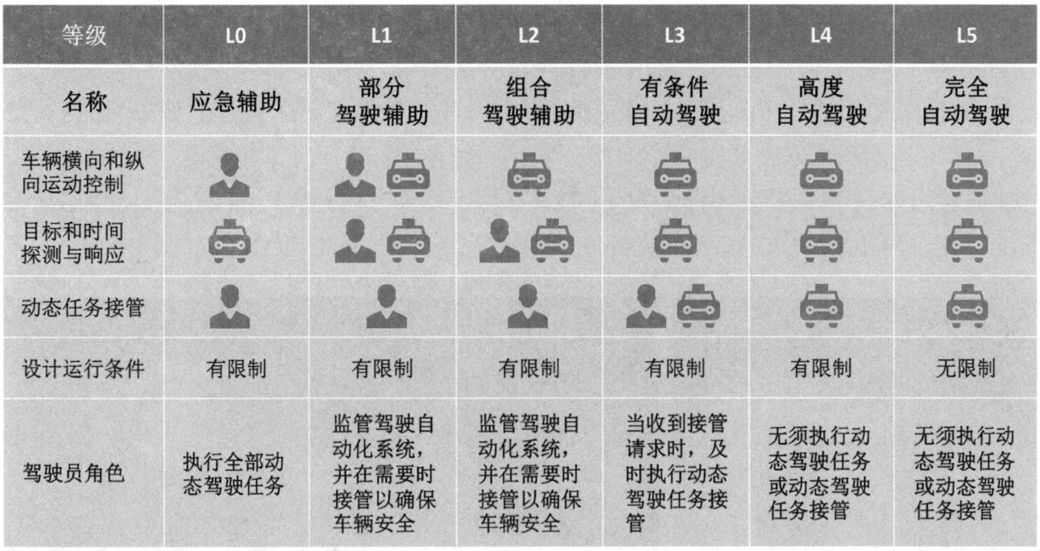

等级	L0	L1	L2	L3	L4	L5
名称	应急辅助	部分驾驶辅助	组合驾驶辅助	有条件自动驾驶	高度自动驾驶	完全自动驾驶
车辆横向和纵向运动控制						
目标和时间探测与响应						
动态任务接管						
设计运行条件	有限制	有限制	有限制	有限制	有限制	无限制
驾驶员角色	执行全部动态驾驶任务	监管驾驶自动化系统，并在需要时接管以确保车辆安全	监管驾驶自动化系统，并在需要时接管以确保车辆安全	当收到接管请求时，及时执行动态驾驶任务接管	无须执行动态驾驶任务或动态驾驶任务接管	无须执行动态驾驶任务或动态驾驶任务接管

图 1-13 自动驾驶的 6 个等级

我国稳步推进无人驾驶行业发展，先后在多个省市打造高水平的测试基地，助力建立自动驾驶汽车道路测试评价体系、规范测试方法和评价标准（表 1-1）。

表 1-1 智能网联汽车测试示范区

试 验 区	运 营 主 体
国家智能汽车与智慧交通（京冀）示范区	北京智能车联产业创新中心
国家智能网联汽车（上海）试点示范区	上海淞虹智能汽车科技有限公司
国家智能汽车与智慧交通（重庆）应用示范区	中国汽车工程研究院智能网联汽车测试研发中心
武汉智能网联汽车示范区	武汉市经济开发区政府
浙江 5G 车联网应用示范区	中电海康集团有限公司、阿里云
广州智能网联汽车与智慧交通应用示范区	广州市智能网联汽车示范区运营中心
中德合作智能网联汽车车联网四川试验基地	成都智能网联汽车科技发展有限公司
国家智能交通综合测试基地（无锡）	公安部交通管理科学研究所
国家智能网联汽车（长沙）测试区	湖南湘江智能科技创新中心有限公司
国家智能网联汽车应用（北方）示范区	启明信息技术股份有限公司

（3）智慧医疗

从 2016 年《“健康中国 2030”规划纲要》中提到“科技创新将为提高健康水平提供有

力支撑”开始,中共中央、国务院到各部委陆续出台了医疗产业的相关政策,强调“新一代信息技术与医疗服务深度融合”的必要性。

近年来,中国成立了多所人工智能医疗企业,涉及领域覆盖了医疗影像分析、药物发现、手术机器人和临床决策支持等,丰富了国内医疗系统。由于计算机视觉、深度学习等技术的日益成熟,不少医疗公司将业务重心放在了医疗影像方向,利用人工智能技术使医疗诊断自动化,提高医疗决策的效率与准确度,并最终改变当前的临床工作流程(图 1-14)。

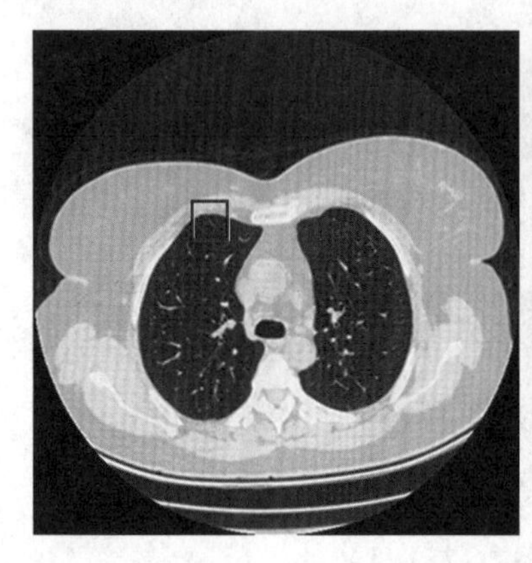
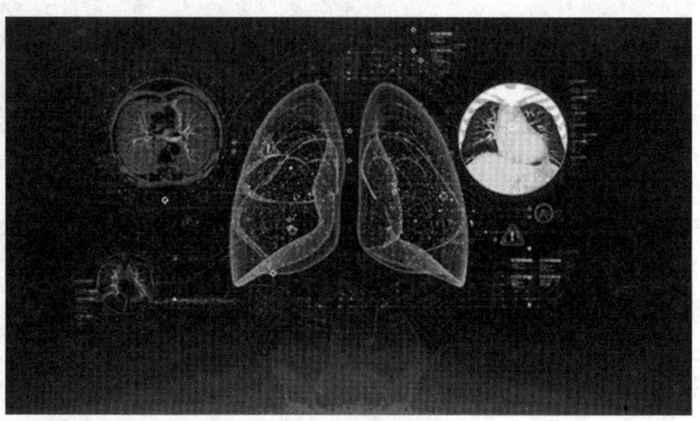

图 1-14　人工智能肺结节识别系统

当然,在医疗服务业走向真正智慧、造福全人类的过程中,升级的不单是医疗程序,而且是以人为本,建立一整个医养生态体系,一个涵盖着智慧医疗、智慧医院、诊所、实验室/影像中心、家居及照顾中心等设施的去中间化、资源与数据共享的生态系统。

(4) 智慧安防

安防是人工智能落地较早的领域之一,尤其在新冠疫情以来,AI 摄像头、AI 测温、巡防机器人等被人熟知。基于图像处理技术,加之在海量的数据下训练出的算法模型,人工智能在安防行业的应用贯通了事前预警、事中响应和事后处理。

目前,人工智能在安防领域的应用主要包括警用和民用两个方向。在警用方向,人工智能在公安行业的应用最具有代表性。利用人工智能技术实时分析图像和视频内容,可以识别人员、车辆信息,追踪犯罪嫌疑人,也可以通过视频检索从海量图片和视频库中对犯罪嫌疑人进行检索比对,为各类案件侦查节省宝贵时间。在民用方向,利用人工智能可以实现智能楼宇和工业园区的智能监控。智能楼宇包括门禁管理、摄像头“人脸打卡”、人员进出管理、盗窃预警和违规探访监测等。在工业园区,固定摄像头和巡防机器人配合,可实现对园区内各个场所的实时监控,并对潜在的危险进行预警。

大华、海康威视、东方网力等传统企业都在不断加大安防产品的智能化。另外,像商汤科技、旷视科技、云从科技和依图科技等以算法见长的企业正将技术重点聚焦于人脸识别、行为分析等图像智能领域。

(5) 智能电网

2020 年,中国国家主席习近平在第 75 届联合国大会上宣布:“中国将提高国家自主贡献力度，采取更加有力的政策和措施，二氧化碳排放力争于2030年前达到峰值，努力争取在2060年前实现碳中和。”

要实现2060年碳中和目标，电力行业必须降低单位供电碳排放，这就离不开智能电网技术。智能电网技术体系涵盖发电、输电、变电、配电、用电和调度等多个环节。

以发配电为例，人工智能技术不仅能优化能源组合以降低化石能源的使用量，还可以通过用户端的各类传感器对需求情况实施检测，并对能源分配进行智能化管理，最终实现高效、节能、安全的智慧电网。

另外，在电网维护端，智能机器人的使用开始普及。智能机器人集成多种传感器及检测仪器，构造灵活，能够近距离观测质检员不易检查的部位，显著提高巡检的准确率。比如，广东电网在变电站的机巡年作业量超18万公里，相当于绕地球4圈半，其中无人机巡视占85%，作业量居全球第一，综合效率提升了2.6倍。同时，智能机器人在巡检过程中能够实时调用并对比历史数据，对检测点位的健康状况进行预测。

电网的运维为人工智能技术提供了完整的应用场景，其海量的运维数据为电网调度控制进一步智能化创造了极好的条件。

4. 政企研三螺旋

为了实现我国新一代人工智能发展战略目标，从2017年起，科技部开始推进国家人工智能创新平台、示范区和引领区的建设，并于2018年发布《“科技创新2030——新一代人工智能重大科技项目”指南》，该指南内容涵盖基础理论（深度学习、因果推理、博弈决策、群智涌现、混合增强智能、类脑智能等）、技术（知识计算、跨媒体分析、自适应感知等）和应用。

为了发挥地方主体作用，探索人工智能与经济发展相融合的经验之路，打造一批具有引领作用的人工智能创新高地，科技部在部分地方政府布局建设国家新一代人工智能创新发展试验区。截至2021年12月，已有17个试验区落地，分别位于北京市、上海市、天津市、深圳市、杭州市、合肥市、德清县、重庆市、成都市、西安市、济南市、广州市、武汉市、苏州市、长沙市、郑州市和沈阳市。

另一方面，依照应用驱动、市场引领和企业为主的原则，截至2019年，科技部先后建设了15家国家新一代人工智能开放创新平台，以促进行业领军企业发挥示范作用，整合技术资源、产业链资源和金融资源，保障人工智能核心研发能力和服务能力的持续输出（图1-15）。

学术层面，国家自然科学基金委员会从人工智能基础、复杂理论与系统、机器学习、知识表示与处理、机器视觉、模式识别、自然语言处理、人工智能芯片与软硬件、智能系统与应用、新型和交叉人工智能、仿生智能（类脑机制）和人工智能安全等方面进行项目资助，为人工智能成果转化筑牢技术基础。

目前，大学、政府和产业之间正在形成一种协作创新体系，以推动新一代人工智能的发展（表1-2）。

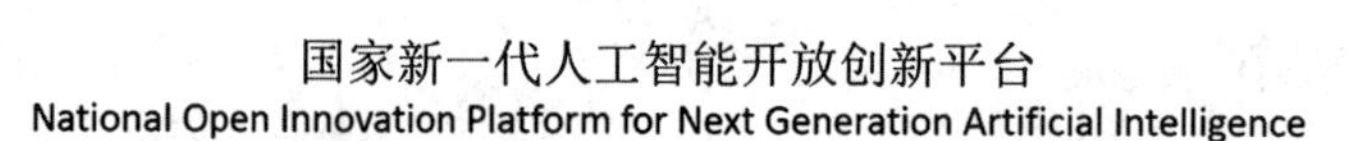

图 1-15　国家新一代人工智能开放创新平台

表 1-2　新一代人工智能若干平台

国 家 平 台	任　　务	企业/地方政府
国家新一代人工智能开放创新平台（15个）	聚焦人工智能重点细分领域，充分发挥行业领军企业、研究机构的引领示范作用，整合技术资源、产业链资源和金融资源，持续输出人工智能核心研发能力和服务能力的重要创新载体	自动驾驶（百度）、城市大脑（阿里云）、医疗影像（腾讯）、智能语音（科大讯飞）、智能视觉（商汤集团）、视觉计算（上海依图）、营销智能（明略科技）、基础软硬件（华为）、普惠金融（中国平安）、视频感知（海康威视）、智能供应链（京东）、图像感知（旷视）、安全大脑（360）、智慧教育（好未来）、智能家居（小米）
国家新一代人工智能创新发展试验区（11个）	发挥地方主体作用，在体制机制、政策法规等方面先行先试，形成促进人工智能与经济社会发展深度融合的新路径，探索智能时代政府治理的新方式，推动新一代人工智能健康发展	北京、上海、合肥、杭州、深圳、天津、德清（2 300 多个县域中的唯一一个）、重庆、成都、西安、济南
人工智能创新应用先导区	定位于攻破难点、痛点的“先锋队”，定位于探索新机制新方法的“试验田”，定位于培养产业发展的“主力军”。鼓励新技术、新产品先行先试，着力夯实技术-产业系统迭代发展的基础	上海（浦东新区）、深圳、济南-青岛

5. 人工智能通识教育

2017 年，国务院印发《新一代人工智能发展规划》，明确“人工智能+X”复合专业培养、学科交叉和产学研合作，“实施全民智能教育”。2018 年，教育部出台《高等学校人工智能创新行动计划》，提出“强化高校人工智能领域科技创新、人才培养和服务国家需求

的能力”。2020 年,教育部、发改委、财政部发布《关于“双一流”建设高校促进学科融合加快人工智能领域研究生培养的若干意见》,强调“高校建立起交叉人才培养体系”。

可见,人工智能教育已经受到政府、企业和学校的高度重视,逐步搭建了从中小学、职业教育、本科到研究生的多层次人工智能人才培养架构,以培养不同类型的人工智能人才,如从事基础科研和创新的研究型人才,人工智能产品设计的工程性人才,以及人工智能技术运用的应用型人才。

联合国教科文组织在其第 41 届大会上提出,“地方政府、教育机构与企业应该积极展开合作,向公众提供人工智能素养教育,以增强人们的人工智能意识,减少因广泛采用人工智能系统而造成的数字鸿沟和数字获取方面的不平等”。世界各国都在积极推广人工智能通识教育:2018 年,美国人工智能促进协会(AAAI)与计算机科学教师协会成立联合工作组,推动美国 K-12 人工智能教育行动;2018 年,英国发布《人工智能在英国》的专题报告,强调非专业学生人工智能知识储备的重要性;2017 年,芬兰在其报告《芬兰的人工智能时代》中倡议“积极寻求新的教育创新,以满足人工智能应用领域的人才需求”;日本在 2016 年开展中小学教育改革,开始重视培养学生的人工智能素养;新加坡于 2018 年推出“AI for Students”人工智能教育计划,鼓励社区、教师和学生学习人工智能基本概念,了解各类应用场景和掌握基础工具。

早在 2003 年,“人工智能初步”就被纳入《普通高中信息技术课程标准》的选修模块中。近年来,随着一系列政策引导与保障,北京、上海、广州、深圳等一线城市率先进行了人工智能通识教育的探索。例如,上海于 2021 年发布《上海市教育数字化转型实施方案(2021—2023)》,强调“高质量实施中小学信息技术课程,推进人工智能、编程技术等课程进中小学课堂”,以培养适合未来的创新型人才,为服务国家战略和上海城市发展谋篇布局。

1.3　人工智能的内容

1.3.1　人工智能三大研究学派

不同领域的科学家对人工智能研究的方向不尽相同,不同的思想和价值观发展出目前的三个主流学派:符号主义、联结主义和行为主义。

1. 符号主义学派

符号主义(Symbolicism)学派又称逻辑主义学派,主张用公理和逻辑体系及符号系统搭建一套人工智能系统。该学派认为人的知识就是符号,人的认知过程就是符号的操作过程,因此可以通过计算机的物理符号系统来模拟人的智能行为。

20 世纪 30 年代,数理逻辑被广泛用于描述智能行为,一批符号主义学派的科学家认为人工智能的核心问题就是知识表示、推理和运用,而知识是可以被符号化的,符号化之后又可以通过数理逻辑进行推理,因而有可能建立起基于知识的人类智能和机器智能的统一理论体系。

专家系统就是符号主义学派的主要成果之一(图 1-16)。20 世纪 80 年代,专家系统取得长足发展,它的开发与应用将人工智能从理论推向应用。

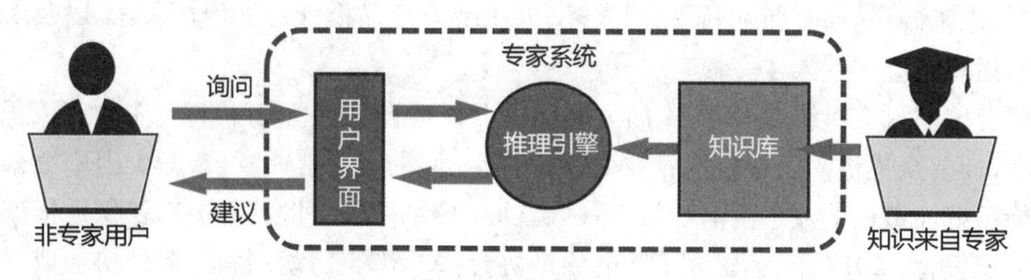

图 1-16　专家系统

在人工智能领域,符号主义学派在很长一段时间都处于主导地位。由于计算机模拟人类认知系统的局限性,符号主义学派受到其他学派的批评与否定。

2. 联结主义学派

联结主义(Connectionism)学派又叫仿生学派,主张模仿人类的神经元,用神经网络的联结机制实现人工智能。该学派认为人工智能应从神经元开始模拟神经网络模型和脑模型,通过仿生人脑高层活动实现智能。

早在 1943 年,生物神经元的计算模型“M－P 模型”就被提出,但受限于理论模型、生物原型和技术条件,联结主义没能取得突破(图 1-17)。直到 20 世纪 80 年代涌现出一系列诸如用硬件模拟神经网络、反向传播算法等研究成果,人们才重新重视联结主义。在 2012 年 ImageNet 机器视觉挑战赛中,以神经网络为基础的深度学习模型以绝对领先优势获得冠军,使得联结主义掀起新的研究热潮。

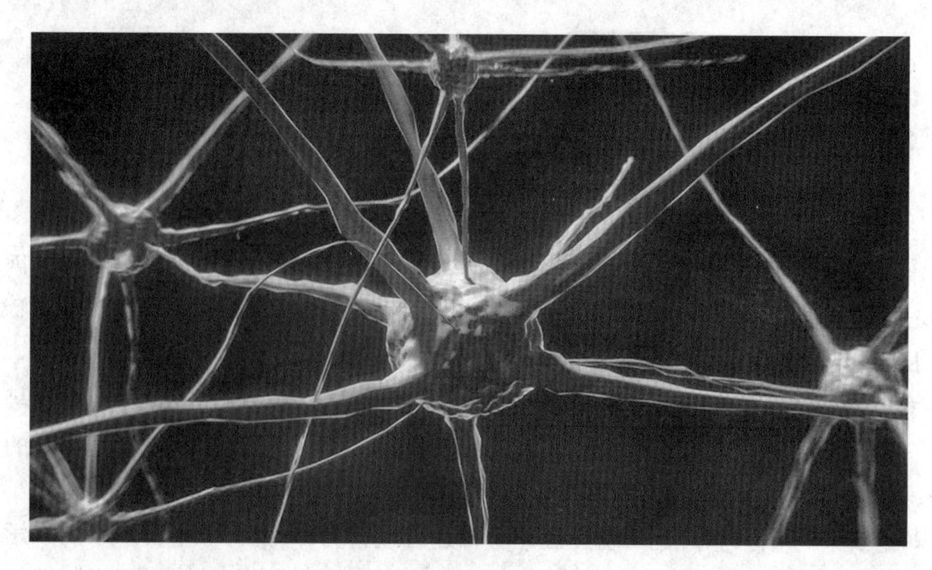

图 1-17　生物神经元

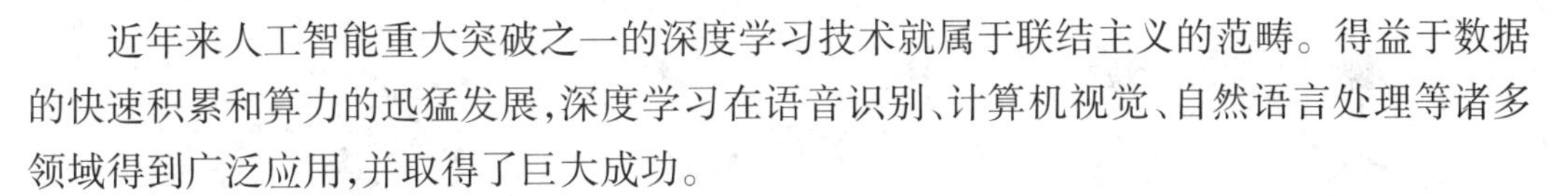

近年来人工智能重大突破之一的深度学习技术就属于联结主义的范畴。得益于数据的快速积累和算力的迅猛发展,深度学习在语音识别、计算机视觉、自然语言处理等诸多领域得到广泛应用,并取得了巨大成功。

3. 行为主义学派

行为主义(Actionism)学派又称进化主义或控制论学派,其原理为控制论及感知-动作型控制系统。行为主义学派认为智能是对外界环境的感知并做出相应的行为,而不是表达和推理,因此该学派探索的智能不等同于人的智能。

行为主义学派源于控制论,该思想在20世纪40年代就已经渗透到几乎所有的自然科学和社会科学领域,并深刻影响了早期的人工智能工作者。早期的研究工作重点是模拟人在控制过程中的智能行为和作用,为之后的研究奠定基础。行为主义学派认为知识的形式化表达和模型化方法都不能完整表达客观世界的真实概念,智能只能体现在世界中,通过与周围环境的交互表现出来。行为主义学派的贡献主要是在机器人控制系统方面,希望从模拟动物的“感知-动作”开始,最终复制出人类的智能。

成立于1992年的波士顿动力公司致力于机器人相关研究,目标是制造出像人或动物一样能够在现实世界灵活工作的智能机器人,它们的研究是行为主义学派的代表(图1-18)。

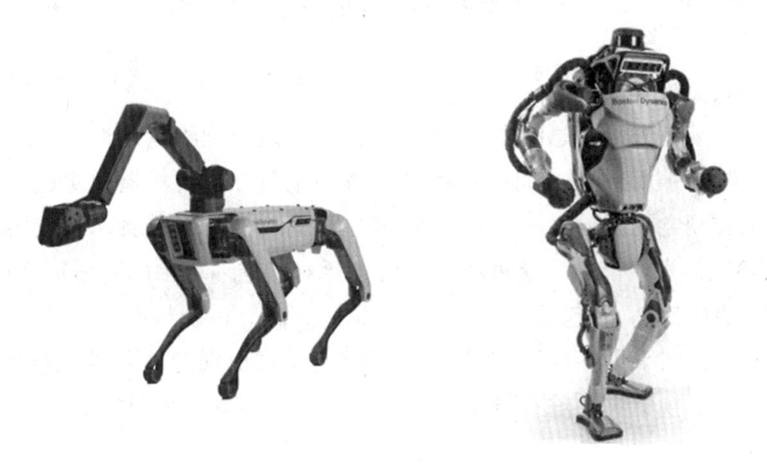

图1-18　波士顿动力公司制造的机器人

1.3.2　人工智能研究内容

作为一门新兴交叉学科,人工智能涉及控制论、信息论、系统论、哲学、心理学、生物学、计算机科学、数学等。其研究范围极广,从模拟人类智能的角度,可以从以下四个维度进行讨论。

1. 机器感知

类似于人类的感官系统,如视觉、听觉、触觉等,机器感知是机器获取外界信息的主要途径。

机器感知主要包含以下几个研究方向(图1-19):

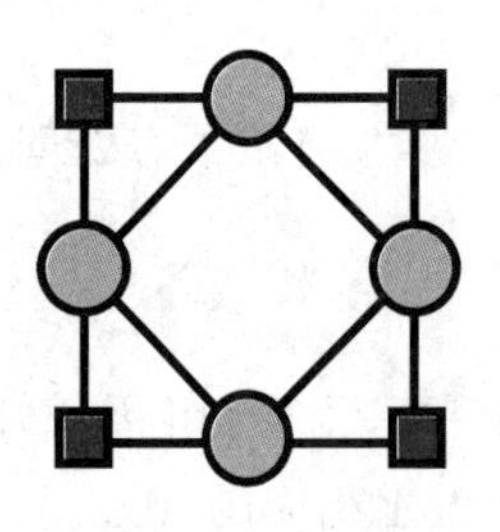
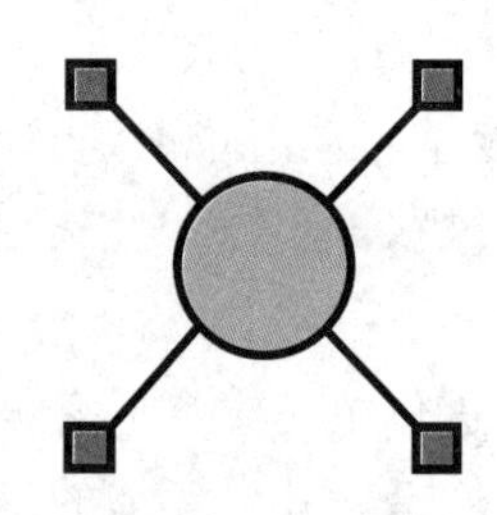
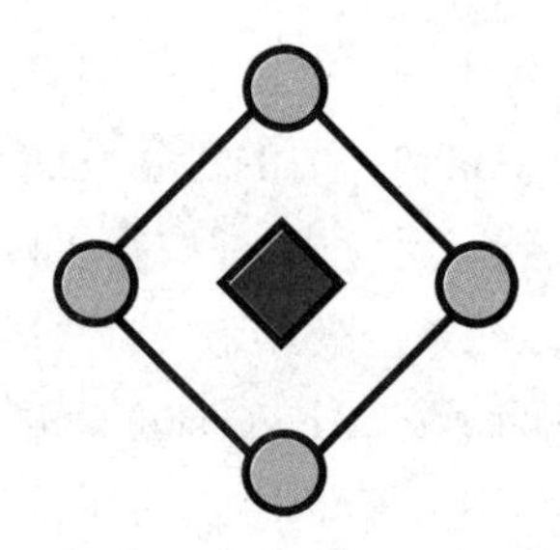

图 1-19 模式

(1) 模式识别

简单来说,模式识别就是让计算机能够对给定的事物进行鉴别,并把它归入与其相同或相似的模式中(图 1-19)。

模式识别的前提是获取外界的信息,其方法一般是通过各种传感器采集识别对象的信息并对其进行预处理。数据采集后,模式识别系统会通过不同的方法从数据中提取特征从而得到对象的模式。最后,系统将匹配已有的标准模式,完成分类并输出识别的结果。

目前,模式识别已经应用在文字识别、语音识别、医学影像分析等多个场景中,并取得不俗的成绩。

(2) 机器视觉

眼睛是人类获得外部信息的主要感觉器官,视觉是辨别物品属性(如形状、大小和颜色)及物品所处空间状态(如方向、距离和位置)的重要知觉。机器视觉是一项用计算机模拟或实现人类视觉功能的人工智能技术,其主要研究目标是使计算机具有通过二维图像认知三维环境信息的能力。这种能力不仅包括对三维环境中的物体形状、位置、姿态、运动等几何信息的感知,还包括对这些信息的描述、存储、识别与理解。

机器视觉与模式识别存在很大程度的交叉性,模式识别的输入很多涉及图像。两者的主要区别是机器视觉更注重三维视觉信息的处理,而模式识别对模式的类别较为关注。

(3) 自然语言理解

自然语言是人类进行信息交流的主要媒介,但它的多义性和不确定性使得计算机理解和生成自然语言困难重重。

自然语言理解可分为书面语言理解和声音语言理解两大类。书面语言理解的过程包括词法分析、语法分析、语义分析和语用分析,而声音语言理解在前者的基础上还包括语音分析。自然语言理解的主要困难在语用分析阶段,原因是其涉及上下文,需要考虑语境对语言的影响。

在信息爆炸时代,自然语言处理可以有效利用数字信息,推动信息技术长期发展,因此自然语言理解技术也是我们国家中长期科学发展的重点对象。

2. 机器思维

人的智能来自大脑的思维活动,机器思维主要通过知识表达与推理来模拟人类的思维活动，从而实现机器智能。

机器思维主要包含以下几个方面。

（1）知识表示与机器推理

知识表示是把人类知识概念化、形式化或模型化，一般来说就是运用符号知识、算法、状态图等来描述待求解的问题。推理是指按照某种策略，从已知事实出发，用知识推出所需结论的过程。

机器推理可根据所用知识的确定分为确定性推理和不确定性推理两大类。确定性推理是指推理所使用的知识和推出的结论都是可以精确表示的，其值要么为真要么为假。不确定性推理是指推理所使用的知识和推出的结论可以是不确定的。不确定性是对非精确性、模糊性和非完备性的统称。现实世界中存在大量的不确定性问题。不确定性推理的理论基础是非经典逻辑、概率等。

（2）搜索

搜索是指为了达到某一目标，不断寻找推理线路，以引导和控制推理线路，使问题得以解决的过程。搜索可根据问题的表示方式分为状态空间搜索和与或树搜索两大类。其中，状态空间搜索是一种用状态空间法求解问题时的搜索方法；与或树搜索是一种用问题归约法求解问题时的搜索方法。

（3）问题求解

问题求解的过程实质上就是在现实的或隐式的问题空间进行搜索的过程，即在某状态图、与或图上，或者一般地说在某种逻辑网络上进行搜索的过程。

（4）规划

规划是一种问题求解技术，它是从某个特定问题状态出发，寻找并建立一个操作序列，直到求得目标状态为止的一个行动过程的描述。与一般问题求解技术相比，规划更侧重于问题求解过程，并且要解决的问题一般是真实世界的实际问题而不是抽象的数学模型问题。

3. 机器学习

学习是指人和动物在生活过程中获得个体经验的过程，是人类智能的主要标志和获得知识的基本手段。人类的学习有两个基本方法：演绎法和归纳法。后者就是机器学习的基本原理。归纳推理是由个别到一般的推理：从个别、特殊的事物总结、概括出各种各样的带有一般性的原理或原则。机器学习是使计算机自动获取知识、具有智能的根本途径。

机器学习主要包含以下几种方式。

（1）符号学习

符号学习是一种从功能上模拟人类学习能力的机器学习方法，它是一种基于符号主义学派的机器学习观点。按照这种观点，知识可以用符号来表示，机器学习过程实际上是一种符号运算过程。

（2）联结学习

联结学习是一种基于人工神经网络的学习方法。研究表明，人脑的学习和记忆过程都是通过神经系统来完成的;神经元既是学习的基本单位,也是记忆的基本单位。联结学习有多种不同的算法,比较典型的学习算法有感知机学习、BP 网络学习、Hopfield 网络学习等。

(3) 分析学习

分析学习是利用背景或领域知识分析很少的典型实例,再通过演绎推导形成新的知识,使对领域知识的应用更为有效。分析学习方法的目的在于改进系统的效率与性能,同时不牺牲其准确性和通用性。

(4) 遗传学习

遗传学习源于模拟生物繁殖中的遗传变异(交换、突变等)及达尔文的自然选择(生态圈中适者生存)。一个概念描述的各种变体或版本对应于一个物种的各个个体,这些概念描述的变体在发生突变和重组后,通过某种目标函数(对应于自然选择)的衡量决定被淘汰还是继续生存下去。

4. 机器行为

行动与表达能力是人类的基本能力,是人类智能的外在表现形式。与人的行为能力相对应,机器行为主要是指计算机的表达能力。

机器行为的研究内容主要包含以下几个方面。

(1) 智能搜索

智能搜索是通过人工智能技术将互联网上的海量信息解析与结构化,并依据用户的请求从网络资源中检索出对用户有价值的信息。智能检索系统应具有下述功能:能理解自然语言,允许用户使用自然语言提出检索要求和询问;具有推理能力,能根据数据库存储的事实推理产生用户要求和询问的答案;拥有一定的常识性知识,以补充系统中的专业知识,根据这些常识性知识和专业知识能演绎推理出专业知识中没有包含的答案。

(2) 智能控制

智能控制是驱动智能机器自主地实现其目标的过程,是一种把人工智能技术与传统自动控制技术相结合、研制智能控制系统的方法和技术。智能控制诸多研究领域的研究课题既具有独立性又具有关联性,目前主要集中在以下六个方面:智能机器人规划与控制、智能过程规划、智能过程控制、专家控制系统、语音控制及智能仪器。智能控制的主要应用领域包括智能机器人系统、计算机集成制造系统及能源系统、复杂工业过程的控制系统、航空航天控制系统、社会经济管理系统、交通运输系统等。

(3) 智能机器人

智能机器人是一个在感知、思维、效应方面全面模拟人的机器系统。近年来,随着人工智能、大数据、智能制造的发展与突破,机器人的使用体验进一步提升,加之语音交互、人脸识别、自动定位导航等技术与机器人融合不断深化,智能机器人的种类更是越来越丰富,在不同领域有着广泛的应用。

例如在新冠疫情时期,京东物流智能配送机器人完成了在武汉的首单配送,成功将医疗与生活物资从京东物流武汉仁和站点运送至武汉市第九医院;苏宁物流推出机器人协助配送计划，快递员配送至小区门口后，已经消毒的苏宁无人配送机器人可以自行判断路线、乘坐电梯，以及提醒消费者取货，即可实现“无接触式配送”（图 1-20）。

图 1-20　运输机器人（左一为智能配送机器人）

目前世界上最先进的机器人具备以下四种能力：① 行动机能，相当于人的手、足动作机能；② 感知环境机能，即配备有视觉、听觉、触觉、嗅觉等感觉器官，能获取外部环境和对象的状态信息，以便进行自我行为监视；③ 思维机能，即能对感知到的信息进行处理，对求解问题进行认知、推理、记忆、判断、决策、学习等；④ 人机交互机能，即能理解指示命令、输出内部状态、与人进行信息交换等。

（4）智能制造

智能制造是指以新一代信息技术为核心，以高效率、高质量、低能耗为目标，涵盖设计、供应链、制造、质量控制、销售、服务等全生命周期的现代化制造系统（图 1-21）。

图 1-21　特斯拉上海超级工厂生产线

智能制造是我国从制造大国转型为制造强国的重要发展途径，是我国经济增长的新动能。2021 年 12 月，工业和信息化部等八部门发布《“十四五”智能制造发展规划》，明确提出“两步走”，即到 2025 年，规模以上制造业企业大部分实现数字化网络化，重点行业骨干企业初步应用智能化；到 2035 年，规模以上制造业企业全面普及数字化网络化，重点行业骨干企业基本实现智能化。

需要指出的是，人工智能的研究内容一直有不同的分类方法，也可以按照层次分类，将人工智能分为计算智能、感知智能和认知智能三个层次。

本书为了进一步方便读者理解，从拟人的角度，按照感知智能、认知智能、智能执行（智能控制和机器人系统）进行阐述，并将自然语言处理和语音识别单独列为一章“语言智能”。

1.3.3 人工智能的三个核心要素

信息爆炸，数据量指数增长；技术迭代，芯片计算能力不断提升；理论深耕，算法模型持续创新。数据、算力、算法三个核心要素共同将人工智能推到了全新的高度（图 1-22）。

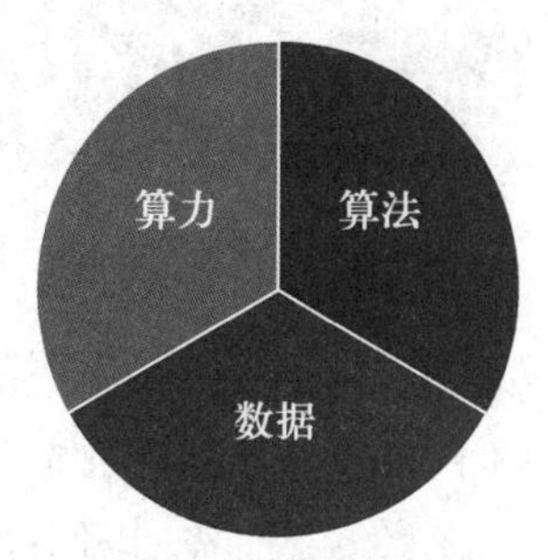

图 1-22　人工智能的三个核心要素

1. 数据

从某一个原始人手中的绳结开始，到甲骨文、纸质记录，直到现今的电子信息，人类文明的发展离不开信息的传播。同样，人工智能的发展离不开数据的滋养。随着大数据技术的发展，人工智能获得良好数据的成本不断降低，系统迭代升级的速度不断加快。

大数据到底是什么？甲骨文公司给出的定义是“高速（Velocity）涌现的大量（Volume）的多样化（Variety）数据”，再加上价值（Value）和真实性（Veracity），这就是大数据的“5V”特性。高速，表示数据产生和处理的速度非常快，数据传输速率有的情况下高达吉比特每秒（Gbit/s）；大量，表示数据体量巨大，有时高达 PB（拍字节）级别；多样化，表示数据的类型多样，从文字到视频内容丰富；价值，表示数据具有内在价值，在挖掘之前它并没有什么用处；真实性，表示大数据的目标是提取真实性和高质量的数据。

2005 年左右，人们开始意识到用户在使用应用程序或在线服务时生成了海量数据。同一年，专为存储和分析大型数据集而开发的开源框架 Hadoop 问世，它降低了数据存储成本，对于大数据的发展具有重要意义。随着物联网（IoT）的兴起，如今越来越多的设备接入了互联网，它们大量收集客户的使用模式和产品性能数据。机器学习的出现也进一步加速了数据量的增长，云计算技术则通过弹性和可扩展性的特点进一步释放大数据的潜力。

2. 算力

算力即计算机的计算能力。算力的显著增长体现在计算机的数据存储容量和数据处理速度快速提升，均呈现出指数增长的趋势。我国的超级计算机“神威·太湖之光”持续

性能为 9.3 亿亿次/秒，峰值性能可以达到 12.5 亿亿次/秒。算力的快速增长，一方面是由于摩尔定律(计算机硬件每隔一段时间便会翻倍升级)持续发挥作用，单体计算元器件的计算性能在增长；另一方面是以云计算为代表的性能扩容等技术也在持续发展。云计算能够将大规模廉价机器组织成高性能计算集群，提供匹配甚至远超大型机的计算能力。人工智能的飞速发展离不开强大的算力。在人工智能概念刚刚被提出的时候，由于计算能力的限制，人工智能系统当时并不能完成大规模并行计算与处理，能力比较薄弱。但是随着深度学习的流行，人工智能技术的发展对高性能算力提出了日益迫切的需求。深度学习主要以深度神经网络模型为学习模型，深度神经网络是从浅层神经网络发展而来的。深度学习模型的训练是一个典型的高维参数优化问题。深度神经网络模型具有多层结构，这种多层结构带来了参数的指数增长。国家间的人工智能之争已经在很大程度上演变为算力之争。

3. 算法

算法是计算机解决问题或者执行计算的指令序列。很多数学模型在具体运行时往往需要实现相应的算法，算法与模型已经成为人工智能发展的重要支撑。人工智能的相关算法类型众多，涉及搜索、规划、演化、协同与优化等一系列任务。当下，人工智能领域的快速发展尤为明显地体现在一系列新颖算法和模型的发展，特别是以深度学习为代表的机器学习算法的快速发展。机器学习是一种从观测数据(样本)中寻找规律，并利用学习到的规律(模型)对未知或无法观测的数据进行预测的方法。随着数据量的急剧增加，从大数据中发现统计规律，进而利用这些统计规律解决实际问题变得日益普遍。

1.4 人工智能伦理

任何技术都有它的两面性，像人工智能这样影响面广的技术尤为显著。在对社会、经济、文化及环境等方面产生深刻影响后，人工智能的伦理问题引起全球关注。联合国教科文组织会员国在 2021 年 9 月形成广泛共识，呼吁各国政府和科技公司采取必要措施，在推动人工智能为社会做出贡献的同时防范其带来的风险。

1.4.1 人工智能带来的伦理问题

人工智能技术可能内嵌并加剧偏见，导致歧视、不平等、数字鸿沟和排斥，并对文化、社会和生物多样性构成威胁，造成社会或经济鸿沟；算法的工作方式和算法训练数据应具有透明度和可理解性；人工智能技术对于多方面的潜在影响，包括但不限于人的尊严、人权和基本自由、性别平等、民主、社会、经济、政治和文化进程、科学和工程实践、动物福利以及环境和生态系统。

人工智能系统能够完成此前只有生物才能完成，甚至在有些情况下只有人类才能完成的任务。这些特点使得人工智能系统在人类实践和社会中以及在与环境和生态系统的关系中,可以起到意义深远的新作用,为儿童和青年的成长、培养对于世界和自身的认识、批判性地认识媒体和信息以及学会做出决定创造了新的环境。

1.4.2 我国人工智能治理的指导方针

围绕人工智能产生的伦理问题,为从事人工智能相关活动的自然人、法人和其他相关机构等提供伦理指引,中国国家新一代人工智能治理专业委员会于 2021 年 9 月发布了《新一代人工智能伦理规范》(以下简称“伦理规范”)。伦理规范提出了增进人类福祉、促进公平公正、保护隐私安全、确保可控可信、强化责任担当、提升伦理素养等六项基本伦理要求。

(1) 增进人类福祉

坚持以人为本,遵循人类共同价值观,尊重人权和人类根本利益诉求,遵守国家或地区伦理道德。坚持公共利益优先,促进人机和谐友好,改善民生,增强获得感、幸福感,推动经济、社会及生态可持续发展,共建人类命运共同体。

(2) 促进公平公正

坚持普惠性和包容性,切实保护各相关主体合法权益,推动全社会公平共享人工智能带来的益处,促进社会公平正义和机会均等。在提供人工智能产品和服务时,应充分尊重和帮助弱势群体、特殊群体,并根据需要提供相应的替代方案。

(3) 保护隐私安全

充分尊重个人信息知情、同意等权利,依照合法、正当、必要和诚信原则处理个人信息,保障个人隐私与数据安全,不得损害个人合法数据权益,不得以窃取、篡改、泄露等方式非法收集利用个人信息,不得侵害个人隐私权。

(4) 确保可控可信

保障人类拥有充分自主决策权,有权选择是否接受人工智能提供的服务,有权随时退出与人工智能的交互,有权随时中止人工智能系统的运行,确保人工智能始终处于人类控制之下。

(5) 强化责任担当

坚持人类是最终责任主体,明确利益相关者的责任,全面增强责任意识,在人工智能全生命周期各环节自省自律,建立人工智能问责机制,不回避责任审查,不逃避应负责任。

(6) 提升伦理素养

积极学习和普及人工智能伦理知识,客观认识伦理问题,不低估、不夸大伦理风险。主动开展或参与人工智能伦理问题讨论,深入推动人工智能伦理治理实践,提升应对能力。

由于人工智能具有社会属性和技术属性双重特点,我们不仅要通过技术手段使人工智能发挥最大效用,而且要对人工智能技术发展所引发的伦理、法律和经济问题予以高度重视,这样才能保证人工智能长久造福人类社会。

第2章 人工智能预备知识

从2016年开始,以抖音为代表的短视频应用如野火燎原、发展迅猛,这类低门槛、去中心化式的信息分享软件成为大众最钟爱的互联网产品之一。2018年7月,抖音全球月活跃用户突破5亿,它的爆发式增长,离不开其母公司字节跳动智能算法团队的支持。

其实,早在PC互联网时代,基于用户基本信息的算法推荐系统已经被各类门户网站、电商平台和社交媒体所应用。比如,人人网就是基于用户注册的基本学历信息推送校友作为潜在好友。到目前的移动互联网时代,推荐算法已经得到了进一步的优化,其中较为基础和常用的就是协同过滤推荐算法。协同过滤推荐算法的运行逻辑就是找出相似用户的偏好,并把此类内容推荐给其他相似用户。字节跳动的后台系统能获取用户的三类特征:动作特征,如点击、停留、滑动;环境特征,如所在位置;社交特征,如关注对象。基于这些特征,相关算法会分析用户所在的区域、社交关系、职业性质、内容偏好等信息,推送对应的热门视频给用户。随着用户深入使用,算法对用户习惯越来越熟悉,可以准确推送其所偏爱的内容,从而快速提升用户的黏性。在信息大爆炸时代,人们获取有效信息的难度大增,推荐算法的个性化服务有效改善了这一状况。

算法是人工智能的重要组成部分,而数学是算法的核心。要认识算法、熟悉算法、运用算法,就必须先学习相关的数理知识,为未来掌握人工智能技术夯实基础。

2.1 人工智能数学基础

互联网时代的到来导致大量数据产生,随之而来的问题便是如何高效地从海量数据中获得关键、有用的信息,这不仅需要超高的运算能力,还需要很高的认知和学习能力,显然人类不擅长处理复杂的数字、多维的问题。科学家们努力研究人工智能的重要目的之一,就是帮助人类做其不擅长之事。人和人工智能要完成默契的配合,基础数学理论是关键因素。

徐宗本院士在最新的一篇文章《人工智能的10个重大数理基础问题》中指出,对人工智能而言,数学不仅是工具,还是技术内涵本身,而且常常也是最能体现本质、原始创新的

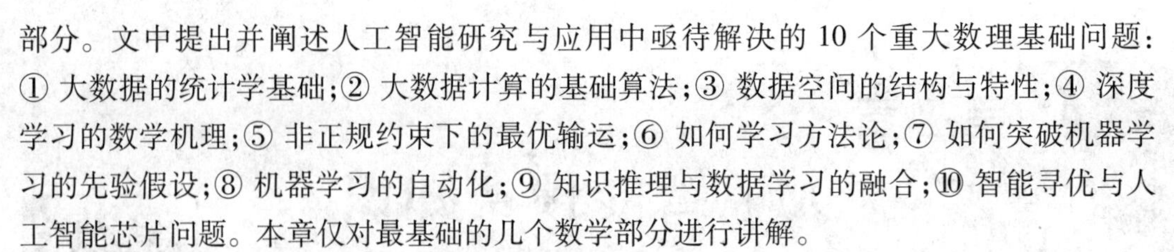

部分。文中提出并阐述人工智能研究与应用中亟待解决的10个重大数理基础问题：①大数据的统计学基础；②大数据计算的基础算法；③数据空间的结构与特性；④深度学习的数学机理；⑤非正规约束下的最优输运；⑥如何学习方法论；⑦如何突破机器学习的先验假设；⑧机器学习的自动化；⑨知识推理与数据学习的融合；⑩智能寻优与人工智能芯片问题。本章仅对最基础的几个数学部分进行讲解。

大部分的人工智能技术都是将现实中的问题转换为数学模型，通过求解模型发现规律并对未来做出预测。本章涉及的“线性代数”“概率论与数理统计”“最优化理论”，是人工智能领域常用的数学知识。前两个是数学建模的常见方式，最后一个是求解模型的重要手段，它们都是学习人工智能知识的基础。具体来说，线性代数研究如何将研究对象形式化；概率论研究如何描述统计规律；数理统计研究如何以小见大；最优化理论研究如何找到最优解；信息论研究如何定量度量不确定性。

2.1.1 线性代数

线性代数不仅是人工智能的基础，更是现代数学和以现代数学作为主要分析方法的众多学科的基础。从量子力学到图像处理都离不开向量和矩阵的使用。在这些背后，其实线性代数的核心意义在于提供了一种看待世界的抽象视角：即世界上的所有事物都可以被抽象成某些特征的组合，并以静态或动态的方式呈现。向量实质是 n 维线性空间中的静止点；线性变换则对向量或者作为参考系的坐标系的变化用矩阵进行描述；矩阵的特征值和特征向量描述了变化的速度与方向。简言之，线性代数作为一种基础工具集，在人工智能中发挥着独特作用。

1. 情景导入

购物软件通过用户的浏览记录，推荐顾客偏好的产品（协同过滤算法CF、皮尔逊相关度），产品之间的相似度分析就用到了线性代数的原理。不仅如此，在绝大多数的人工智能应用背景下，数据的计算都依赖于矩阵与向量运算。因此，线性代数理论的学习尤为重要。

2. 基础知识

线性代数的起源是为了求解联立方程式，而联立方程式正是人工智能的一种重要建模方式。作为一套通用的思想和工具，线性代数的核心在于教会人们对事物的抽象，将问题建模为数学模型，再利用数学定理进行求解。

（1）向量

在人工智能领域，工程师们会处理大量数据。面对这些繁杂的数据，工程师们会将它们转化为“空间中的点”来进行更直观的分析，这里就用到了向量的知识。比如，一辆自动驾驶汽车行驶在马路上，它的传感器同时接收了四周车辆、行人、非机动车的位置信息，这时处理器的整体分析就是建立在向量模型上的。

向量的定义：具有大小和方向的量，可以形象表示为带箭头的直线。更直观的理解是把数排成一列。向量与标量（即我们生活中常说的数量）相对应，区别在于向量存在方

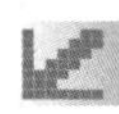

向而标量不存在方向。生活中常见的向量有速度、力等。一辆车行驶在路上一定有方向及快慢，我们在提起一个重物时一定是向上并且施加一定的力量，这都说明向量是大小与方向的有效结合。向量可表示为以下形式。

$$\begin{pmatrix}1\\3\\5\end{pmatrix},\ \begin{pmatrix}1.9\\380\\5e^{-6}\end{pmatrix},\ \begin{pmatrix}-0.3\\1/7\\\sqrt{\pi}\\99\end{pmatrix}$$

图 2-1 中分别描述了二维向量(平面上的点)和三维向量(三维空间中的点)。

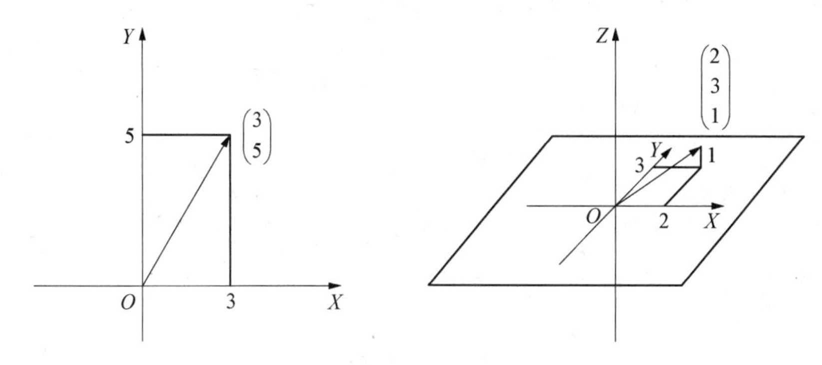

图 2-1　空间中的向量

(2) 维度和分量

n 维向量其实是维度的一个集合，把这 n 维数据放在一起。一个 n 维向量可以理解为一个 n 维欧式空间(元素是 n 维向量)的一个点。比如 n 维向量，其实在 n 维空间上就是由 n 个基(直角的含义是 n 个基两两正交)构成的一个线性组合。换句话说，它也是其在 n 维直角坐标系中的一个点。

因此，可以理解为空间中存在 m 个向量，并且每个向量有 n 维元素，因此构成了 $m\times n$ 的矩阵。其中，维数等于坐标的分量数。

(3) 向量的运算

向量是一个数学量，可以进行加减法、数乘、点积和叉积等运算。

向量加法：求解两个向量的和意味着线段的连接，一般遵循“三角形法则”与“平行四边形法则”(图 2-2)。

如图 2-2 所示，$\overrightarrow{AB}+\overrightarrow{AD}=\overrightarrow{AC}$。要注意：① 零向量与任意向量求和等于任意向量；② 向量加法满足交换律与结合律。

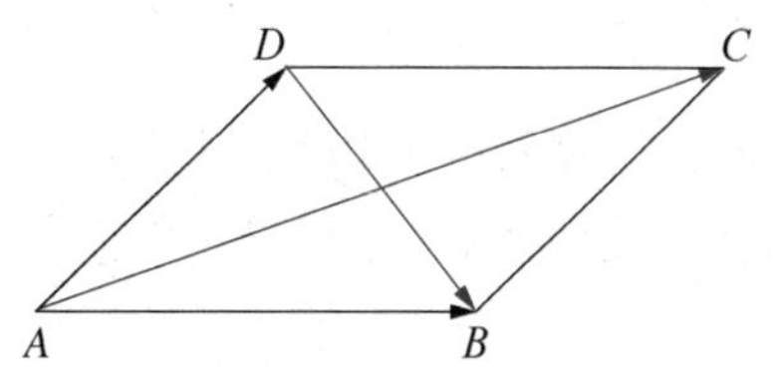

图 2-2　平行四边形法则

向量减法：向量 $\boldsymbol{a}$ 加上向量 $\boldsymbol{b}$ 的反向量即为 $\boldsymbol{a}$ 与 $\boldsymbol{b}$ 的差。

$$\overrightarrow{AB}-\overrightarrow{AD}=\overrightarrow{AB}+(-\overrightarrow{AD})=\overrightarrow{DB} \tag{2-1}$$

向量数乘：意味着线段的伸缩，实数与向量的乘积是一个向量。① 当实数为正数时，不改变原向量的方向；当实数为负数时，向量方向改变，当实数为零时，方向是任意的。② 向量数乘满足交换律、结合律和分配律。

向量点积：一个向量在另一个向量上的投影的长度乘以另一个向量的长度，正负代表方向（图 2-3(a)）。点积的含义为向量 $\boldsymbol{a}$ 在 $\boldsymbol{b}$ 上的投影与 $\boldsymbol{b}$ 长度的乘积。如 $\boldsymbol{a}(x_1, y_1)$，$\boldsymbol{b}(x_2, y_2)$，$\boldsymbol{a}$，$\boldsymbol{b}$ 向量的点积为 $x_1x_2 + y_1y_2$。点积大于零代表两个向量的角度差不超过 90°，等于零代表角量差为 90°，小于零代表角度差大于 90°。

向量叉积：叉积的绝对值代表 $\boldsymbol{a}$，$\boldsymbol{b}$ 向量围合起来的四边形的面积，正负表示两个向量相对的位置（图 2-3(b)）。$\boldsymbol{a}$，$\boldsymbol{b}$ 向量的叉积为 $x_1y_2 - y_1x_2$。

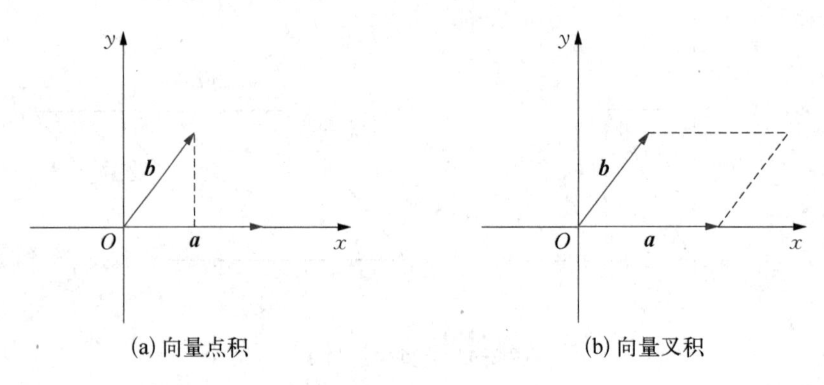

图 2-3　向量点积与叉积

（4）向量化

数据的预处理通过把数据向量化来实现。如单词向量化的结果是得到一个词汇表——可以理解为一本字典，每个单词用一个数字编码。在这基础上，可以把文本转成数字序列。

（5）矩阵

将一堆数排成长方形的数列，例如：

$$\begin{pmatrix} 2 & 0 \\ 0 & 3 \end{pmatrix},\ \begin{pmatrix} 1/9 & 2.3 & \pi \\ -3 & \sqrt{7} & 42 \end{pmatrix},\ \begin{pmatrix} 3 & 6 \\ 9 & 1 \\ 7 & 2 \\ 5 & 4 \end{pmatrix} \tag{2-2}$$

2 行 2 列的矩阵称为 2×2 矩阵，也叫二阶矩阵，3 行 3 列的矩阵叫作三阶矩阵，以此类推。同时也有行列不等的矩阵，如 2 行 3 列、4 行 2 列。

① 矩阵在信息技术中的运用举例。

图片由像素组成，从计算机的角度看，图片就是由不同数字组成的矩阵。

RGBA 是指红绿蓝通道以及阿尔法通道，前三者表示颜色取值，最后一个表示透明度。我们知道颜色值的范围为 0～255，因此矩阵 $(0\quad 255\quad 0\quad 255)$ 表示一个像素的

RGBA 值,多个这样的值组成的矩阵即可以表示图像本身。

② 矩阵的运算简介。

矩阵加法与减法相同,都遵循交换律与结合律,两个矩阵相加减必须是相同位置的数相加减,若两个矩阵行数或列数不相同,则不能进行运算。

矩阵与数的乘法满足结合律与分配律,一个数与矩阵相乘,则该数与矩阵中每一个元素相乘。

矩阵与矩阵的乘法对两个矩阵是有严格要求的,在该运算中,两个矩阵的顺序也是需要注意的。若 $\boldsymbol{A}$ 矩阵与 $\boldsymbol{B}$ 矩阵相乘,则 $\boldsymbol{A}$ 矩阵的列数必须与 $\boldsymbol{B}$ 矩阵的行数相同,且不满足交换律。

$$\boldsymbol{A}=\begin{pmatrix}1 & 2\\ 1 & -1\end{pmatrix},\ \boldsymbol{B}=\begin{pmatrix}1 & 2 & -3\\ -1 & 1 & 2\end{pmatrix}$$

$$\boldsymbol{AB}=\begin{pmatrix}1\times1+2\times(-1) & 1\times2+2\times1 & 1\times(-3)+2\times2\\ 1\times1+(-1)\times(-1) & 1\times2+(-1)\times1 & 1\times(-3)+(-1)\times2\end{pmatrix} \tag{2-3}$$

③ 矩阵就是映射。

用矩阵 $\boldsymbol{A}$ 作用在向量 $\boldsymbol{x}$ 上,结果就是将其移动到另一向量 $\boldsymbol{y}=\boldsymbol{Ax}$。如将 $m\times n$ 矩阵 $\boldsymbol{A}$ 左乘以 n 维向量 $\boldsymbol{x}$,能得到 m 维向量 $\boldsymbol{y}=\boldsymbol{Ax}$,也就是说,指定了矩阵 $\boldsymbol{A}$,就确定了从向量到另外一个向量的映射。

2.1.2　概率论与数理统计

机器学习很多时候就是在处理事物的不确定性,“概率论与数理统计”正是研究不确定性的数学知识。

同线性代数一样,概率论也代表了一种看待世界的方式,其关注的焦点是无处不在的可能性。在两大学派中,频率学派认为先验分布是固定的,模型参数要靠最大似然估计计算;贝叶斯学派认为先验分布是随机的,模型参数要靠后验概率最大化计算。正态分布是最重要的一种随机变量的分布。

同样需要看到概率论与数理统计的关系。数理统计以概率论为理论基础,但两者之间存在方法上的本质区别。概率论作用的前提是随机变量的分布已知,根据已知的分布来分析随机变量的特征与规律;数理统计的研究对象则是未知分布的随机变量,研究方法是对随机变量进行独立重复的观察,根据得到的观察结果对原始分布做出推断。可以认为,数理统计是一种逆向的概率论。

1. 情景导入

2018 年世界杯决赛,法国队对克罗地亚队。开球前,裁判通过抛硬币让双方队长挑选场地选择权,这很公平,因为硬币正反面朝上的概率都是 50%。那么,法国队夺冠的概率是多少呢?

2. 基础知识

在语音识别技术里,程序会根据麦克风识别的音频数据 Y 推测语音信息 X,这就是我们前面提到的由结果反推原因的逆问题。在反推过程中,由于噪声与误差的存在,反推出的原因会千差万别,这就需要借助概率来解决这一问题。

(1) 随机事件和样本空间

生活中只存在两种现象,即确定事件与随机事件。确定事件是指必然发生的事件,例如太阳每天东升西落,大气压变化时水的沸点不同等客观现象。随机事件是指可能出现也可能不出现的事件,例如一枚硬币落下是正面的概率,随机抽取一张纸牌是 A 的概率。因此,随机事件被定义为事先知道所有可能的结果,但在试验时每次不知道试验结果,多次试验后的结果具有某种规律性。样本空间是指随机试验的所有结果的集合。

同时,事件之间存在一定的关系,包括包含关系 ($A \subset B$),相等关系($A = B$),事件的和($A \cup B$),相交事件($A \cap B$),互不相容的事件($AB = \varnothing$),差事件($A - B$),对立事件($A\overline{A} = \varnothing$)。

(2) 概率的定义

蒙提霍尔问题也称三门问题,是指在三扇门后面仅有一扇门有大奖,当参赛选手选择一扇门之后(未开启门之前),主持人在剩余两扇门之间打开一扇没有奖的门,此时,主持人会询问选手是否要更换选择。因此,我们会思考换门会不会提高中奖概率。在上述情况下,如果选手不换门,中奖的概率是 1/3,但是在换门之后,概率提升到 2/3。虽然该问题的逻辑正确,但十分违反直觉。

概率的统计定义:在相同条件下进行重复的试验,如果事件 A 在 n 次试验中出现了 k 次,则 k 称为这 n 次试验中事件 A 出现的频数,比值 k/n 为事件 A 出现的概率,即为 $f(A) = k/n$。

在既定条件下进行大量重复试验,随机事件将会呈现出一定的规律性,这种规律是客观存在的。试验表明,投掷一枚硬币出现正反面的频率稳定在 1/2。

(3) 概率的性质

性质 1:不可能事件的概率为零,概率为零的事件不一定是不可能事件。必然事件的概率为 1,概率为 1 的事件不一定是必然事件。

性质 2:对于两两互斥的有限个事件满足有限可加性。

性质 3:A, B 事件的概率减法为 $P(A - B) = P(A) - P(AB)$。

性质 4:A, B 事件的概率加法为 $P(A \cup B) = P(A) + P(B) - P(AB)$。

性质 5:任意事件的概率均小于等于 1。

性质 6(逆公式):$P(A) = 1 - P(\overline{A})$。

(4) 古典概型与几何概型

在样本空间中样本个数有限的情况下,每个样本点发生的概率相同,即为古典概型。

例:从一副扑克牌中(无大小王)随机抽取三张,求抽取到的都是红桃的概率。

解：设事件 A 为抽到三张都是红桃，样本空间中总的样本点数是 C_{52}^3，所以 $P(A)=\frac{C_{13}^3}{C_{52}^3}=\frac{11}{850}\approx 0.0129$。

当样本空间中样本点数目无限多时，各个样本点出现的可能性相同，即为几何概型。

例：假设两位同学相约 12 点到 1 点会面，先到者等另一个人 20 分钟，超过时间就离开，求两个人相见的概率。

解：设两人到达的时刻分别为 x，y，以分钟为计时单位，则有 $|x-y|\leqslant 20$。

如图 2-4 所示，样本空间为边长 60 的正方形，两人见面的点落在阴影区域内，所以概率即面积，$P=\frac{60^2-40^2}{60^2}=\frac{5}{9}$。

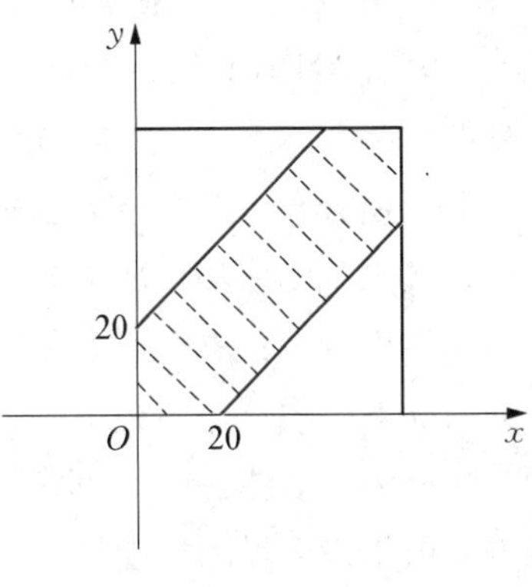

图 2-4　概率即面积

（5）三种概率

① 联合概率。现有随机变量 X 与 Y，联合概率是指 $X=a$ 且 $Y=b$ 的概率，即包含多个条件且所有条件同时成立的概率。

② 边缘概率。边缘概率是指 $X=a$ 或 $Y=b$ 的概率。

③ 条件概率。假设存在 A 和 B 两个随机事件，在已知 A 出现的条件下，B 出现的概率被称为条件概率，记为 $P(B|A)$。在实际问题中，常遇到的就是条件概率。

（6）贝叶斯公式

在机器学习领域，贝叶斯过滤算法拥有广泛的应用，如海难搜救、疾病诊断、邮件过滤、拼写检查。贝叶斯公式是以英国学者托马斯·贝叶斯（Thomas Bayes）的姓来命名。贝叶斯公式也被称为逆概率公式。

先验概率是指根据以往经验和分析得到的概率。

后验概率是指已经知道结果，从而推出得到该结果的原因的概率。

贝叶斯公式解决的是一些原因无法直接观测、测量，而我们希望通过其结果来反推出原因的问题，也就是知道一部分先验概率来求后验概率的问题。

在机器学习中，贝叶斯公式的表现形式为 $P(B|A)=\frac{P(B)P(A|B)}{P(A)}$，其中，$P(B)$ 表示在没有训练样本之前的先验概率，$P(B|A)$ 则是我们更为关心的后验概率。即给定 A 时，B 成立的概率。

以垃圾邮件过滤为例，传统的垃圾邮件过滤方法主要有“关键词法”和“校验码法”，但是效果并不理想，而且很容易被规避。自 2002 年以来，保罗·格雷厄姆（Paul Graham）提出使用贝叶斯方法进行垃圾过滤，得到了很好的效果，而且这种方法还具有自我识别能力，会根据收到的邮件不断调整，即垃圾邮件越多，精确率越高。

(7) 离散型随机变量及其分布律

如果 X 的取值是有限个或者无限可列个,则称 X 是离散型随机变量。

① 分布律的性质。

非负性: 每一条概率都大于等于零。

正则性: 所有概率之和为 1。

② 常见的离散型分布。

0—1 分布(伯努利分布): 即随机变量 X 只能取数值 0 和 1,若 X 的取值不是 0,1,而是两点 x_1, x_2,则变为两点分布。

二项分布: 二项分布是 n 个独立的成功/失败试验中成功的次数的离散概率分布,其中每次试验的成功概率为 p。当 n 为 1 时,该分布即为 0—1 分布。

泊松分布: 来自排队现象,是一个重要的概率分布。泊松分布是试验次数 n 非常大的情况下二项分布的极限,而且当 λ 的值为 20 时,泊松分布接近于正态分布。

期望值是指在一个离散型随机变量试验中每次可能结果的概率乘以其结果的总和。方差被用来度量随机变量和其数学期望(即均值)之间的偏离程度。大数定律是说如果统计数据足够多,那么事物出现的频率就能无限接近它的期望值。

(8) 连续型随机变量及其密度函数

变量 X 的取值连成一片,就是连续型随机变量。设随机变量 X 的分布函数为 $F(x)$,若有非负可积的函数 $f(x)$ 满足 $F(x)=\int_{-\infty}^{x} f(x)\,\mathrm{d}x$, 则称 X 为连续型随机变量,且 $f(x)$ 为 x 的概率密度函数。概率密度函数的值越大,x 附近的概率就越大,也就是说 x 附近的值有着更高的出现概率。

① 概率密度函数的性质。

非负性: 概率密度函数大于等于零。

正则性: 介于概率密度函数曲线 $y=f(x)$ 与 x 轴之间的区域面积为 1。

连续型随机变量 X 在区间 $(a, b]$ 上取值的概率转化为概率密度函数在其上的定积分。

在 $f(x)$ 的连续点处,有 $F'(x)=f(x)$。

$F(x)$ 是连续函数。

单点概率为零。

② 常见的连续型分布。

均匀分布: 最简单的连续分布,用于描述一个随机变量在某一个区间内取每一个值的可能性均等的概率分布。

密度函数: $f(x)=\begin{cases}\dfrac{1}{b-a}, & a<x<b,\\ 0, & \text{其他};\end{cases}$ 分布函数: $F(x)=\begin{cases}0, & x<a,\\ \dfrac{x-a}{b-a}, & a\leqslant x<b,\\ 1, & x\geqslant b\end{cases}$

指数分布：描述泊松过程中的事件发生的时间间隔的概率分布，即事件以恒定平均速率连续且独立地发生的过程。

密度函数：$f(x)=\begin{cases}\lambda e^{-\lambda x}, & x \geqslant 0, \\ 0, & x<0;\end{cases}$ 分布函数：$F(x)=\begin{cases}1-e^{-\lambda x}, & x \geqslant 0, \\ 0, & x<0\end{cases}$

正态分布：也叫高斯分布，是日常生活中最常见的一种分布，因为存在大量可以视作正态分布的对象，符合自然规律。正态分布广泛应用于机器学习中，一般情况下，往往假设数据呈正态分布规律。

$$\text{密度函数：} f(x)=\frac{1}{\sqrt{2\pi}\sigma} e^{-\frac{(x-\mu)^2}{2\sigma^2}},\ x \in(-\infty,+\infty)$$

$$\text{分布函数：} F(x)=\frac{1}{\sqrt{2\pi}\sigma} \int_{-\infty}^{x} e^{-\frac{(t-\mu)^2}{2\sigma^2}} dt,\ x \in(-\infty,+\infty)$$

同时，正态分布具有如下性质：对称性、单调性、凹凸性、渐近性。

(9) 卡尔曼滤波器

卡尔曼滤波器是一种利用线性系统状态方程，通过系统输入输出观测数据，对系统状态进行最优估计的算法。最优估计也可看作滤波过程。卡尔曼滤波器的应用十分广泛，提供了可以真正实用的针对有限维随机系统的实时状态最优估计，主要应用在状态估计与评估系统的性能分析。

(10) 马尔可夫链

马尔可夫链是概率论与数理统计中具有马尔可夫性质且存在于离散的指数集和状态空间内的随机过程。连续指数集可以认为是马尔可夫链的子集。马尔可夫链主要用于处理概率状态的迁移情况。语音识别技术也可以通过马尔可夫链模型计算概率来进一步分析声音波形数据，进而解码语言内容。

2.1.3　最优化理论

几乎所有的人工智能问题最后都会归结为一个优化问题的求解，因而最优化理论同样是人工智能必备的基础知识。最优化理论研究的问题是对于给定目标函数，判断其是否存在最优值，并求出对应最优值的自变量的数值。这个过程就像爬山，沿着目标函数这条山脉，找到顶峰位置，并记录下经历过程。

需要明确的是，最优化理论包括无约束和有约束两种情况。在线性搜索中，确定寻找最小值时的搜索方向需要使用目标函数的一阶导数和二阶导数；置信域算法的思想是先确定搜索步长，再确定搜索方向；以粒子群算法为代表的启发式算法是另外一类重要的随机优化方法。

1. 情景导入

最优化理论常被用于求解复杂函数以及路径规划、生产调度等实际问题。如从寝室到教室，有多种路径可达，同学们往往会选择最符合自己需求的路径，比如路程最短、时间最短、环境最好等,这些路径都可以理解为最优路径。

2. 基础知识

在设计或管理工程系统时,如果存在不止一种可行方案,则总希望从一切可行方案中选取一个最佳方案,这一选择过程称为最优化设计。

在第二次世界大战期间,优化问题广泛运用到战争中,并得到了迅速发展,它也逐步成为一门独立学科,产生诸如线性规划、非线性规划、几何规划等分支。

在人工智能领域,回归、分类等问题都会被工程师转换为数学模型。数学模型与真实问题之间存在差异,一般用损失函数来表示这一差异。当找到损失函数的最小值时,也就找到了最接近真实问题的数据分布规律,这个找最优解的过程就需要运用最优化方法。

(1) 决策变量

决策变量是一个优化问题的解决方案的表现形式,即一组参数,可以用向量来表示。

$$\boldsymbol{X}=(x_1, x_2, x_3, \cdots, x_n)^{\mathrm{T}} \tag{2-4}$$

$\boldsymbol{X}$ 是由坐标原点出发的向量,其端点表示一个设计方案。这个设计方案就是由一组 $(x_1, x_2, x_3, \cdots, x_n)$ 相互独立的分变量来决定的,所有设计点组成了 n 维设计空间,n 也叫设计的自由度(图 2-5)。值得注意的是,n 越大,方案设计的灵活度越高,模型与实际问题的贴合度更好,但模型也随之变得越来越复杂,从而给求解带来困难。最优解用 $\boldsymbol{X}^*$ 来表示。

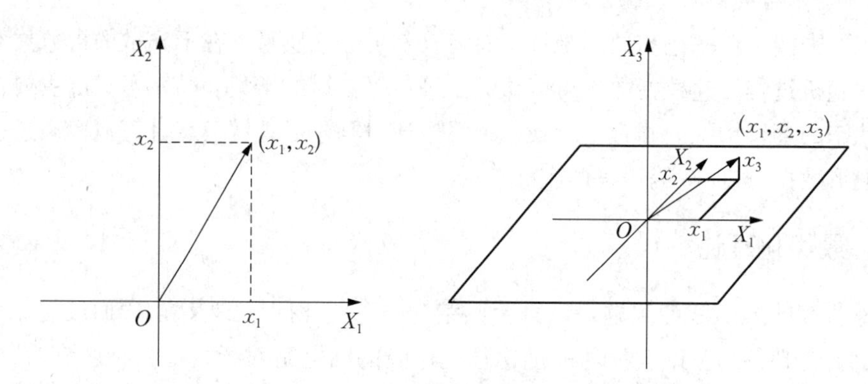

图 2-5 二维、三维优化问题的决策变量坐标表示形式

(2) 目标函数

目标函数,顾名思义是指在某个优化问题上所要达到的目的。如在路径优化问题中,目标函数可以包括最小化时间、最小化路径和最舒适的环境等。设计中预期达到目标的数学表达式,其函数值的大小评价一个设计方案的优劣。公式可以表示为

$$f(\boldsymbol{X})=f(x_1, x_2, x_3, \cdots, x_n) \tag{2-5}$$

总的来讲,目标大致可以分为两种类型:

① 极大化目标,也叫效果目标。例如利润、产值、可靠性、满意度、吞吐量、精度。

② 极小化目标,也叫成本目标。例如成本、时间、损耗、误差、负载、体积。

从目标数量上来看,又可以分为单目标优化问题和多目标优化问题。

① 单目标优化问题旨在求解满足一个目标的优化方案。

② 多目标优化问题中的目标数量大于等于 2,且多个目标之间具有一定的冲突性,如不存在一个耗时最小且成本最低的方案。

(3) 目标函数等值线

等值线是由具有相等目标函数值的设计点所构成的平面曲线,等值线上的点对应的目标函数的值是相等的。

如图 2-6 所示为一个二维问题的目标函数 $f(x)$ 的曲面,等值线是不同 (x_1, x_2) 变量的集合。最小的圈(一个点)就是最优解 X^*,x_1 与 x_2 即为决策变量,同一等值线上的决策变量值所得到的目标函数值相同。等值线也反映了目标函数值的变化规律,越靠近中心的方向,目标函数值越小。因此,针对此问题,如果求解极大值则会有诸多解,如果求极小值则为等值线簇中心。

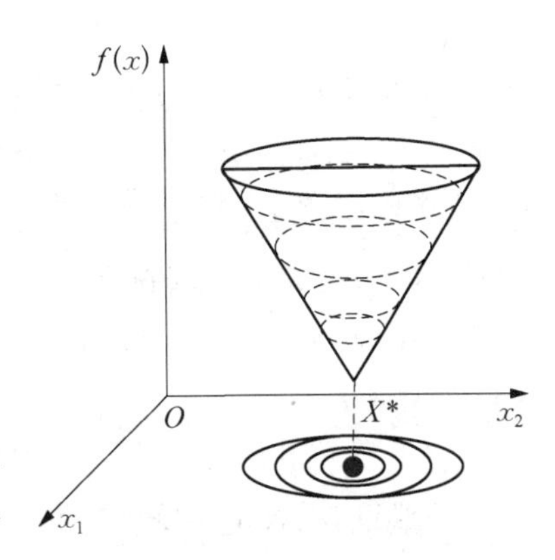

图 2-6　等值线展示图

(4) 约束条件

约束条件是针对决策变量的取值限制条件,根据表达形式的不同可以表示为不等式约束和等式约束。

$$\text{不等式约束形式: } h_v(\boldsymbol{X}) \leqslant 0,\ v = 1,\ 2,\ \cdots,\ n$$

$$\text{等式约束形式: } g_k(\boldsymbol{X}) = 0,\ k = 1,\ 2,\ \cdots,\ m$$

其中,n 和 m 分别表示不等式约束和等式约束的约束个数,且等式约束的个数必须小于决策变量数,否则该优化问题就转变为不具备优化需要的确定系统。

从约束性质来看,约束条件又可以分为性能约束和边界约束两大类。性能约束又叫隐式约束,需要根据具体问题的一些特征推导出相对应的限制条件,如强度、刚度、弹性。边界约束又称显示约束,根据需求直接限制决策变量的上下界,如果在优化过程中决策变量出现越界的情况需要适时做越界处理,以保证优化方案的有效性。

满足所有约束条件的决策变量的集合称为可行域,优化的目的是在约束条件的限制作用下,依据目标函数在可行域内找到最优解。决策变量的维度决定了可行域以二维平面、三维空间或多维超平面的形式进行优化。

图 2-7 展示了二维平面下可行域的表示。

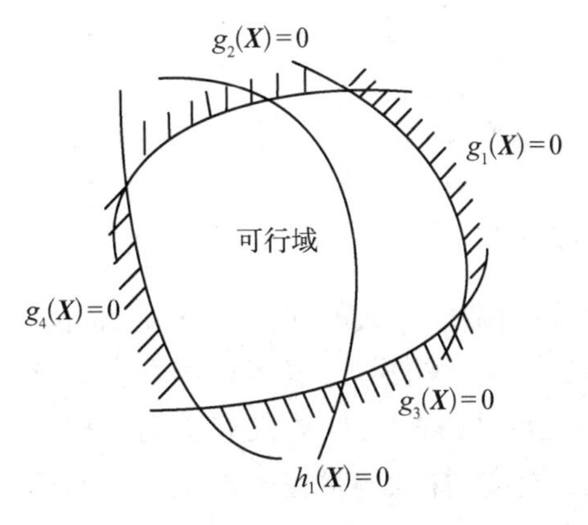

图 2-7　二维平面下的可行域

(5) 最优化方法的分类

根据优化机制与行为的不同,常用的优化方法主要分为经典算法、构造型算法、仿生算法、进化算法和机器学习算法。

① 经典算法。针对特性问题有效,但具有一定的局限性。

② 构造型算法。采用构造的方法快速求解,如调度问题中 Johnson、Palmer 和 Gupta 法等。

③ 仿生算法。通过模拟自然界中生物的觅食行为所提出的算法,如蚁群算法、粒子群算法、蝙蝠算法等。

④ 进化算法。进化算法是依据达尔文的生物进化论,模拟人类的进化行为,其中染色体交叉变异是其重要特征。

⑤ 机器学习算法。机器学习性能强大,出现了较多算法,包括线性回归、Logistic 回归、神经网络等。

(6) 梯度下降法

直观而言,梯度下降法就是一个下山算法,通过求解当前位置的梯度,沿着梯度的负方以最陡峭的位置向下走,直至走到山的局部最低处。因此梯度下降法不一定能找到全局的最优解,如果损失函数是凸函数,则一定可以得到全局最优解。我们要做的工作就是首先建立数学模型,通过数据不断训练该模型并发现其中规律,然后改进模型,最终达到使用该模型高效预测的效果。

① 损失函数。损失函数用来量化预测函数与目标值的误差。$e = aw^2 + bw + c$,这个误差函数表示机器学习所需付出的代价,也叫代价函数。随着 w 的取值变化,最终获得最优解(最小值)。损失函数用于评估模型拟合的好坏、度量拟合的程度(图 2-8)。

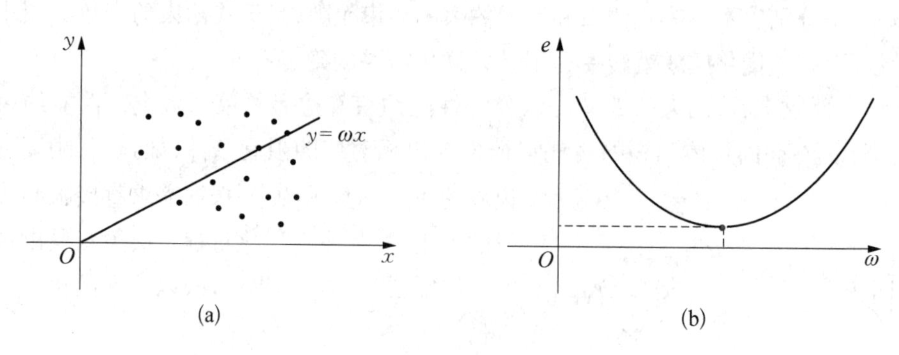

图 2-8 损失函数的参数变化图

② 梯度向量。梯度也叫梯度向量,是由自变量的偏微分组成的向量。梯度也叫斜度,是一个曲面沿着给定方向的倾斜程度。一个函数在某点的梯度,表示该函数在该点处沿着梯度方向变化率最大。注意,梯度既有大小,也有方向,而导数没有方向。梯度向量在函数某一点的方向表示函数在当前点的增长方向。梯度向量在函数某一点的模长表示函数在当前点的增长速率。梯度的一个重要性质:梯度垂直于原函数的等

值面。

一元函数通过导数找到最小值(图 2-9)。如函数 $y = x^2 + b$,其导数为 $y' = 2x$。

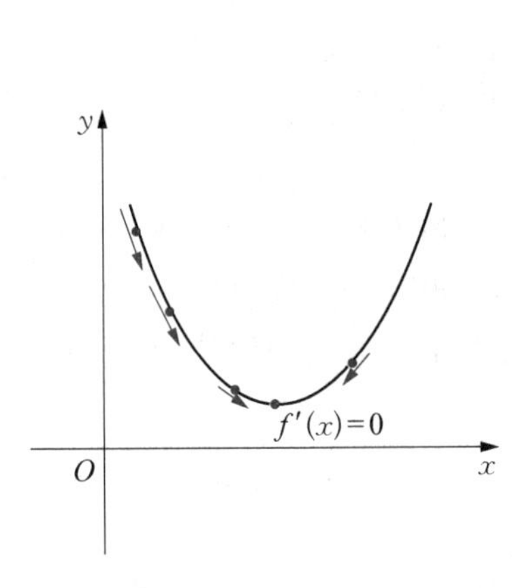

图 2-9　一元函数求导

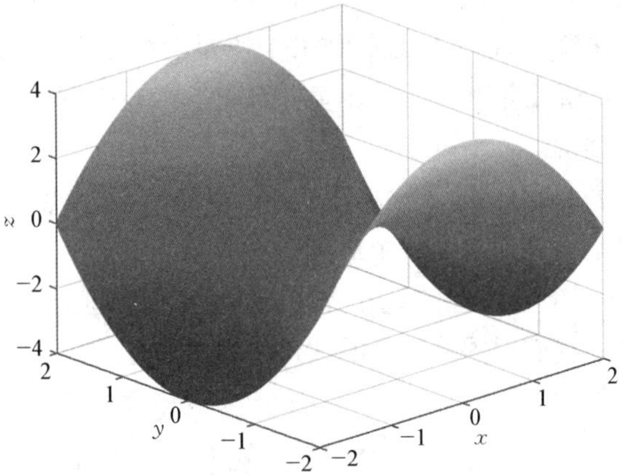

图 2-10　函数 $z = y^2 - x^2$ 在区间[-2, 2]范围内的图像

二元函数通过偏微分求最小值,函数偏微分的数量 = 函数自变量的数量。图 2-10 为函数 $z = y^2 - x^2$ 在区间[-2, 2]范围内的图像。对该函数求导可得:$\frac{\partial z}{\partial x} = -2x$,$\frac{\partial z}{\partial y} = 2y$。

③ 其他相关概念。

步长:决定了梯度下降迭代过程中每一步前进的长度。

特征:样本的输入部分。

假设函数:用于拟合输入样本。

④ 算法流程。

梯度下降法是一个迭代循环的过程,需要不断地去寻找最优解的位置。

梯度下降算法流程如下:

```
开始
  定义损失函数
  初始化相关参数
  选择起始点
While(未达到最优解时)
  确定当前位置的损失函数的梯度
  用步长乘以损失函数的梯度,得到当前下降距离
  更新最优解的位置
End while
输出最优解
结束
```

---

(7) 博弈论

博弈论又称为对策论(Game Theory),是现代数学的一个新分支,也是运筹学的一个重要学科。简而言之,博弈论是两个人在平等的对局中各自利用对方的策略变换自己的对抗策略,以达到取胜的目的。博弈论考虑游戏中的个体的预测行为和实际行为,并研究它们的优化策略。囚徒困境、智猪博弈、枪手博弈、斗鸡博弈、脏脸博弈都是一些博弈论的相关案例。

博弈论已被广泛应用于人工智能领域,深度学习生成的对抗网络的目标函数利用极大极小原理来判断某个对策是否有鞍点,在智能优化算法中采用博弈思想平衡种群收敛性与多样性冲突的问题。博弈论作为一个理论方法,针对不同的问题设计相关策略实现博弈。我们以囚徒困境的案例为例进行阐述。

局中人:一般而言在一个对策中至少要有两个局中人,先假设为 A、B 两名嫌疑犯。

策略集:在一局博弈中,可供局中人选择的一个实际可行的完整行动方案称为一个策略。参加对策的每一个局中人都至少有两个策略供使用。

赢得函数:不同的策略可组合成一个局势,不同的局中人可以得到一个赢得函数。

“囚徒困境”说的是两个囚徒的故事。这两个囚徒一起做坏事,结果被警察发现抓了起来,分别关在两个独立的不能互通信息的牢房里进行审讯。

此时两个囚徒分别为 A 和 B,他们的选择即为策略集:供出他的同伙或保持沉默,若 A 和 B 均保持沉默则会被释放。因此警方通过施加刺激影响两者的决策,当然,如果这两个囚徒互相背叛的话,两个人都会被按照最重的罪来判决,谁也不会得到奖赏。若 A 沉默,B 背叛,则 B 可以出狱。所以这就是一个博弈的过程。

(8) 线性规划

当我们在求解实际工程问题时,如果构造的目标函数和约束条件均为线性函数,且当目标函数最小或者最大时求得最优解决方案,则称要求解的问题为线性规划问题。

线性规划问题的标准化:① 将不等式约束条件转化为等式;② 将最大化问题转化为最小化问题;③ 限制变量范围在正数。

单纯形法是最有代表性的求解线性规划的方法之一,其主要思想为:在一个可行域中通过迭代的方法寻找最优解,首先找一个顶点,然后不断地用新的顶点最优解进行替换,最终得到最优解。即它认为若一个线性规划问题在某个可行域内存在最优解,则一定可以在顶点中找到最优解。

(9) 整数规划

整数规划问题是对变量进行了约束,只能取整数,它分为整数线性规划问题与整数非线性规划问题。由于对变量的约束,在求解整数规划问题时难度陡然增加。其中,松弛问题指的是在不考虑整数约束的条件下,目标与其余约束条件一致所求得的最优解。因此,

整数规划问题与松弛问题既密切联系,又存在区别。

割平面法是一个重要的求解整数规划问题的方法,在历史上具有里程碑式的作用。其主要思想是首先用单纯形法求解松弛问题,然后判断解是否为整数,若是则整数规划问题也是此结果;若不是,则进一步对松弛问题增加一个割平面条件,作用是将可行域删除一部分,且保证松弛问题的最优解在被删除的可行域范围内,然后对该可行域迭代上述操作,直至得到的解为整数解。

分支定界法是一种最常用的求解整数规划问题的算法之一。分支定界法巧妙地使用了隐性枚举法。分支是指不断地将可行域进行切分,定界是指在切分好的可行域范围内计算目标下界(最小值问题),若一些可行域的下界较差则不考虑该可行域,这个操作叫剪枝。通过这种方法不断寻找最优解。

(10) 最优控制

最优控制是一个优化问题,目的是设计一个控制器,使其在给定的约束条件下,针对一个被控对象设计目标函数值定量描述控制器性能,并采用优化方法不断调整控制器的参数。可以将控制器理解成一个黑盒,只关注输入与输出。机械臂的动作设计与控制就属于最优控制的应用场景,如机械臂激光雕刻图案等。

2.1.4　信息论

信息论是应用数学的一个分支,主要研究的是对一个信号包含信息的多少进行量化。可以使用信息论的一些思想来描述概率分布或者衡量概率分布之间的相似性。信息论的基本思想是一个不太可能发生的事情发生了,如果是一个客观事实则其包含的信息非常少。

信息论使用“信息熵”的概念,对单个信源的信息量和通信中传递信息的数量与效率等问题做出了解释,并在世界的不确定性和信息的可测量性之间搭建起一座桥梁。简言之,信息论处理的是客观世界中的不确定性;条件熵和信息增益是分类问题中的重要参数;最大熵原理是分类问题汇总的常用准则。

1. 自信息

用来衡量该事件包含信息量的多少。概率、不确定度与自信息量的关系为: 概率越小,不确定度越大,自信息量越大。

自信息的单位:

对数以 2 为底(log),单位是比特(bit);

对数以 e 为底(ln),单位是奈特(nat);

对数以 10 为底(lg),单位是哈特(hart)。

在机器学习中常用的单位是 nat,且 1nat 表示以 1/e 为概率看到一个事件时获得的信息量。

2. 信息熵

自信息只是处理单个输出,信息熵用来衡量整个概率分布中包含的信息量,具有单调性、非负性和累加性的特点。熵反映的是不确定性，随机变量 X 每个取值结果发生概率越接近，不确定度越大，熵越大；熵也是随机变量 X 的平均信息量，是 X 每个取值结果自信息量的期望。信息熵只与不同分布的方差有关，与期望值无关。

3. 条件熵

X 在给定事件 Y 的情况下，求条件熵。

4. 联合熵

随机变量 X 和 Y 的联合熵表示 X 和 Y 同时发生的不确定度。

5. 相对熵

若给定同一个随机变量 X 有两个单独的概率分布，则用相对熵来衡量这两个分布的差异。

6. 交叉熵

相对熵等于交叉熵减去信息熵。在机器学习中，交叉熵被用作损失函数，即交叉熵可以描述真实标记分布与预测标记分布的相似性。

7. 最大熵原理

最大熵原理可以用来求我们所不了解其概率分布的随机事件的解，即在诸多解中挑选最优解的标准。依据可以获得的值去罗列该随机事件可能符合的所有概率分布，然后从中选择一个熵最大的概率分布作为随机变量分布。

2.2 人工智能常用工具

2.2.1 TensorFlow

TensorFlow 使用 Tensor(张量)来表示数据。TensorFlow 在内部将张量表示为基本数据类型的 n 维数组，因此在了解 TensorFlow 是什么之前，我们首先需要了解什么是张量。

1. 张量

张量就是一个高维的矩阵，一维的矩阵是一行多列，二维的矩阵是多行多列，三维的矩阵就是一个长方体，其中存储的是数据。

张量的数据类型：可以存储浮点数和整数，分别使用 torch. FloatTensor 和 torch. LongTensor 两个命令。

张量的形状可以让我们看到每个维度中元素的数量(图 2-11)。但有时候张量的维度较高，无法很好地描述所看到的图片，所以应该这样描述：在维度一上元素的个数有 5 个，在维度二上元素的个数有 8 个。

更高级别的张量的组成方式包括变量、常量、占位符和稀疏张量。

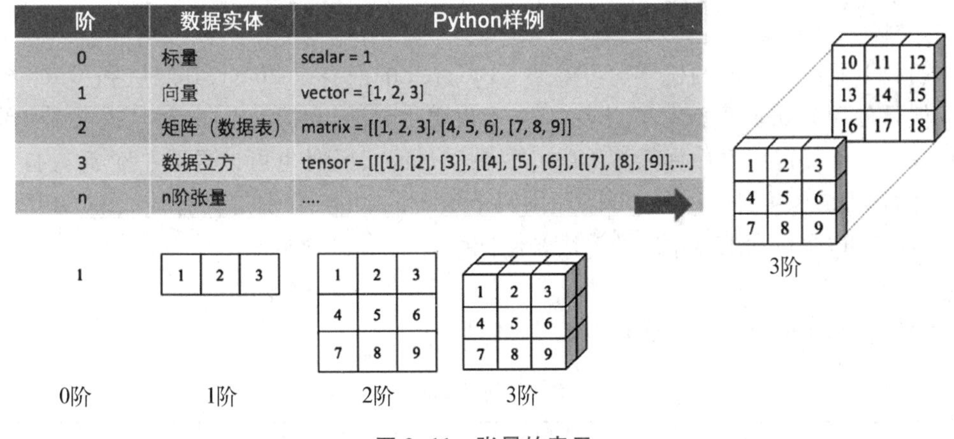

阶	数据实体	Python样例
0	标量	scalar = 1
1	向量	vector = [1, 2, 3]
2	矩阵（数据表）	matrix = [[1, 2, 3], [4, 5, 6], [7, 8, 9]]
3	数据立方	tensor = [[[1], [2], [3]], [[4], [5], [6]], [[7], [8], [9]],...]
n	n阶张量	....

图 2-11　张量的表示

2. TensorFlow

TensorFlow 使用图来表示计算任务，即数据流图。在使用 TensorFlow 时，我们得到一张空白的图并在图中创建有向边和节点，张量在这些节点中流通，TensorFlow 名字由此而来。其节点包括数据、计算、存储三种类型。

常见的 TensorFlow 中的操作有数组运算、基础算术、梯度裁剪、逻辑控制和调试、数据流控制、初始化操作、神经网络运算、随机运算、字符串运算和图像处理运算等。

总的来说，在 TensorFlow 中，数据流图表示计算任务，Tensor 表示数据，Tensor 在数据流图中流动。在 TensorFlow 中“创建节点、运算”等行为统称为 op。

通常 TensorFlow 包括构建阶段（op 的执行步骤描述为一个图）和执行阶段（会话执行图中 op）。其中有向边确定了节点的执行顺序，即节点的入度执行是节点执行的充分必要条件。

给出一个计算函数 $y = ax + 1$ 的例子。

```
import tensorflow as tf
# 创建数据流图：y = a * x + 1，其中 a 和 1 为存储节点，x 为数据节点
x = tf.placeholder(tf.float32)
a = tf.Variable(1.0)
l = tf.Variable(1.0)
y = W * x + b

#上面的代码只是一张图，通过 session 来运行这张图，得到想要的结果
with tf.Session() as sess:
    tf.global_variables_initializer().run()  # Operation.run
    fetch = y.eval(feed_dict={x: 3.0})       # Tensor.eval
    print(fetch)                             # fetch = 1.0 * 3.0 + 1.0
```

2.2.2 PyTorch

1. 概念

PyTorch 是一个开源的机器学习框架。PyTorch 的前身是 Torch，其底层和 Torch 框架一样，但是使用 Python 重新写了很多内容，不仅更加灵活，支持动态图，而且提供了 Python 接口。PyTorch 既可以看作加入了 GPU 支持的 numpy，同时也可以看成一个拥有自动求导功能的强大的深度神经网络，可以提供两个重要的功能，分别是具有强大的 GPU 加速的张量计算，包含自动求导系统的深度神经网络。

2. PyTorch 与 TensorFlow 的区别

PyTorch 与 TensorFlow 的区别如表 2-1 所示。

表 2-1　PyTorch 与 TensorFlow 的区别

比　较　项	PyTorch	TensorFlow
供应商	Facebook AI	Google Brain
接口	Python 和 C++	Python, C++, JavaScript, Swift
调试难易程度	简单	困难(2.0 版本容易)
应用	研究	产业

3. 功能：训练网络

首先加载数据，定义神经网络、损失函数和优化方法，然后对数据进行训练，最后进行测试。其中，在加载数据时，可以直接使用 torch. utils. data. Dataset 和 torch. utils. data. Dataloader 功能。同时，定义神经网络使用 torch. nn，定义优化方法使用 torch. optimizer。可以看出 torch 封装了大量的实用功能。

（1）如何生成一个张量

```
x=torch.tensor([1, -1], [-1, 1])  表示: tensor([[1., -1.], [-1., 1.]])
x=torch.from_numpy(np.array([[1, -1], [-1, 1]]))
零张量 x=torch.zeros([2, 2])  表示: tensor([[0., 0.], [0., 0.]])
一张量 x=torch.ones([1, 2, 5])  表示: tensor([[[1., 1., 1., 1., 1.], [1., 1., 1., 1., 1.]]])
```

（2）为张量降维

Squeeze：移除特定的一维张量。

```
x=torch.zeros([1, 2, 3])  其张量为一个立体长方体
x=x.squeeze(0)  移掉第零维的张量,则张量变成了 torch.Size([2, 3])的平面长方形
```

（3）转置操作 Transpose

```
x=torch.zeros([2, 3])
x=x.transpose(0,1)  其中 0,1 对应的张量中的维度表示为 torch.size([3, 2])
```

（4）在指定维度上连接多个张量 Cat(图 2-12)

```
x=torch.zeros([2, 1, 3])
y=torch.zeros([2, 3, 3])
z=torch.zeros([2, 2, 3])
w=torch.cat([x, y, z], dim=1)
结果为：torch.Size([2, 6, 3])
```

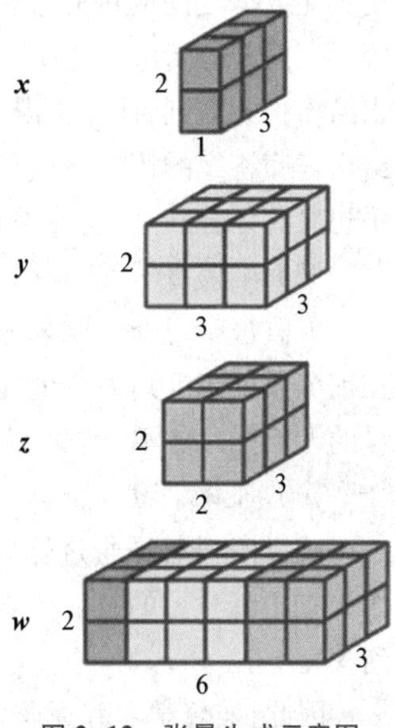

图 2-12 张量生成示意图

（5）张量计算

```
求和：z=x+y
作差：z=x-y
求平方：y=x.pow(2)
求和：y=x.sum()
平均：y=x.mean()
```

一般计算时采用 CPU x=x.to('cpu')，可以用 x=x.to('cuda')来使用 GPU 提高算力，cuda 可进一步利用显卡中的功能提高运算力。

通过学习该实例问题，可以更加熟悉如何使用 PyTorch 和 DNN 网络求解回归问题，如何训练、调参等。

2.2.3 MLlib

1. 机器学习

机器学习是一门人工智能科学，机器学习旨在通过训练已有的数据集提取知识经验并用于预测与求解未知的问题。因此，机器学习本身是一个消耗资源与算力的过程。

机器学习一般被分为监督学习、无监督学习、半监督学习和强化学习四大类。

（1）监督学习

一般而言，机器学习根据给定的数据集进行训练，得出模型，然后在测试集上测试模型的性能。监督学习表述给定的训练集是已经被赋有标签的大量数据，如模块是否有缺陷，邮件是否为垃圾邮件，图片上对应的数字分别是多少。其中，模块是否有缺陷以及垃圾是否为垃圾邮件这是典型的二分类问题，因为只存在两个对立的结果。图片上的数字识别是一个多分类问题。通过迭代训练，从数据集中获取知识不断修改模型，从而提高准确率。监督学习常被用于数据分类,在训练神经网络时常常依赖于事先确定的分类信息。

(2) 无监督学习

与监督学习相比,无监督的含义体现在数据集中未进行人工标注,因此该类型的学习更关注数据之间的内在联系。如将无监督学习用于聚类问题,常见的算法有 K-means 等。从问题分析上看这是一个非常困难的问题,因为我们在要求计算机做某件事情时并未给出相关规则,计算机需要自行学习数据并设计规则从而达到目的。人们通常在它们给出正确答案的情况下设置激励机制,反之则设置惩罚机制。无监督学习通常能给出超乎想象的计算规则,这使得其常被用于求解复杂问题。

(3) 半监督学习

半监督学习介于监督和无监督之间,是模式识别和机器学习领域的重要问题。体现在训练数据集上则为少量的有标注的数据和大量的未标注数据,显而易见,这可以减少大量的人工标注成本,因此,半监督学习具有非常重要的研究价值。

(4) 强化学习

监督模型主要通过输入数据并判断对错,强化学习则需要不断观察输入数据(动作),在不断学习的过程中观察动作对环境的影响所造成的反馈,这些数据会直接被反馈到模型上。

因此,监督学习和无监督学习常被用于处理具有大量数据的分类任务,如企业中常常需要进行数据分析和处理,而对于只有少量标识的数据、绝大多数数据都未标识的情况,图像识别应用较为广泛。强化学习更多地针对人工智能机器人的设计问题以及应用于相关的控制领域。

2. Spark 和 MLlib

Spark 是 Apache 针对大规模数据处理设计的计算引擎,它拥有 hadoop 并行框架所拥有的全部优点,同时还启用了内存分布数据集,使得工作负载得以优化。

Spark 主要有以下重要特征: ① 使用内存计算,具有更快的计算速度;② 封装了大量的库,包括 MLlib、Streaming 和 SQL 等;③ 具有更好的兼容性。

MLlib 是 Spark 的机器学习库,涵盖了算法和各种工具,包括: 机器学习算法中的分类、聚类、回归等;特征处理中的降维、特征选择和提取、转化等;管道,存储与一些实用工具如线性代数、统计等。

MLlib 主要包含底层基础、算法库、实用基础三大部分。

底层基础: 继承了 Spark 的运算库。

算法库: 包含各种模型与机器学习算法。

实用程序: 读取数据,数据生成等。

首先,底层基础主要涉及向量以及矩阵运算方面的问题,提供了基于 RDD 的快速计算平均数、协方差等统计学问题的方法。其次,MLlib 在算法库中提供了诸多算法,可以直接导入供使用,如 import org. apache. spark. mllib. regression. LinearRegressionWithSGD 和

import org. apache. spark. mllib. classification. SVMWithSGD 等。最后,MLlib 在实现数据验证问题时无须进行逻辑编码。

2.2.4 MATLAB

MATLAB 是一款由美国 MathWorks 公司开发的软件,在数据处理、图像处理、信号处理等多个领域中具有极其高效的性能。MAT 是指 Matrix(矩阵)一词,LAB 是指 Laboratory(实验室)一词。针对求解科学计算问题,可视化交互具有重要的贡献。

MATLAB 窗口显示如图 2-13 所示,可以看到该软件包含了各种各样的功能。最左边的窗口显示的是相关文件和详细信息,中间的窗口分别是代码区域和结果输出窗口,右边的工作区通常显示运行过程中变量的信息。

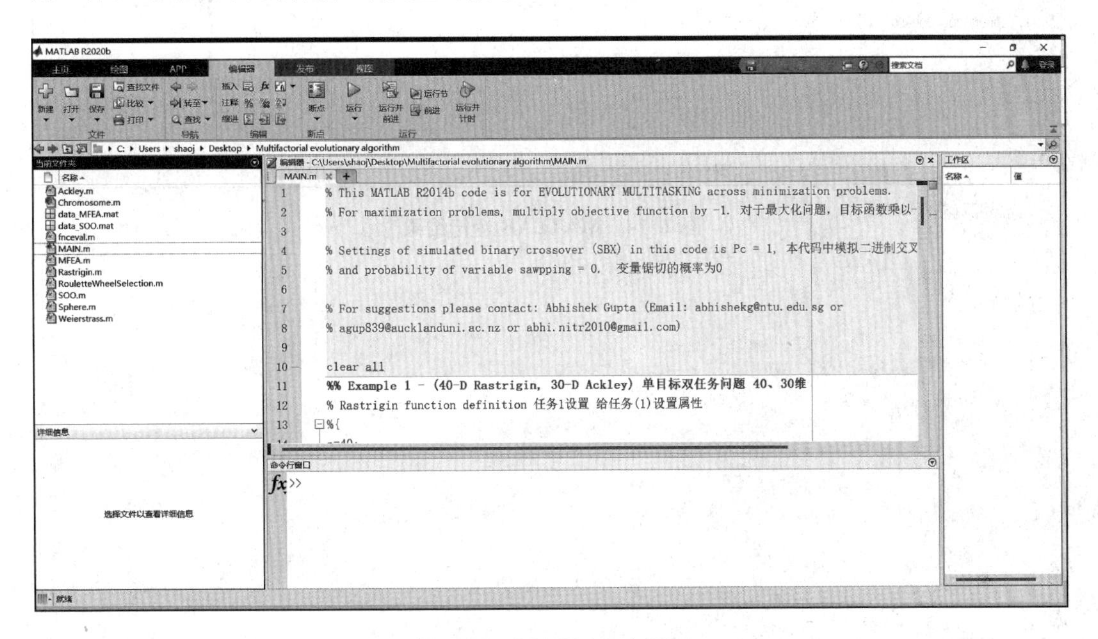

图 2-13　MATLAB 主界面

找到相应路径之后通过新建按钮可以新建一个“. m”文件进行代码编辑。在 MATLAB 中进行数学运算是非常方便的,如实现平方、对数、三角函数值、取整操作、绝对值等,包括数据的转置、正交基、求逆、排序等。MATLAB 语言与 Python 语言类似,易上手是其一大特点,在一步一步运行代码的同时进行学习。

例:求解线性规划问题

$$\min z = 2x_1 + 3x_2 + x_3$$

$$\begin{cases} x_1 + 4x_2 + 2x_3 \geqslant 8 \\ 3x_1 + 2x_2 \geqslant 6 \\ x_1, x_2, x_3 \geqslant 0 \end{cases}$$

如图 2-14 所示,“c”表示所要求解的 z 函数的三个参数,“a”矩阵第一行和第二行分别表示前两个约束条件的系数，“b”为约束范围。linprog 函数用于求解线性规划问题，寻找最小值。可以去应用程序编程接口中详细查看该函数的不同用法。

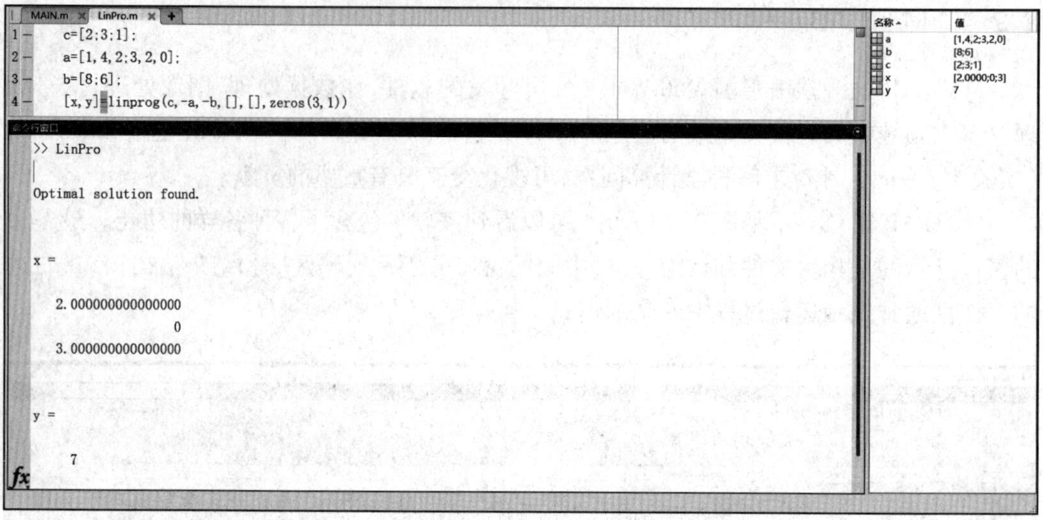
MAIN.m
LinPro.m
c=[2;3;1];
a=[1,4,2;3,2,0];
b=[8;6];
[x,y]=linprog(c,-a,-b,[],[],zeros(3,1))
命令行窗口
>> LinPro
Optimal solution found.
x =
2.000000000000000
0
3.000000000000000
y =
7
名称
值
a
[1,4,2;3,2,0]
b
[8;6]
c
[2;3;1]
x
[2.0000;0;3]
y
7

图 2-14 **MATLAB** 运行结果

第3章 感知智能

2021 年,在第 19 届上海国际车展的大厅里,不少车企都推出了新能源汽车,随着电动化渗透率的提升,汽车智能化成为行业发展的重要方向。未来,汽车将从单纯的出行工具进化为多元功能的智能移动空间,其落地场景主要分为智能驾驶和智能座舱两方面。在这场展会上,商汤科技向观众展示了它的智能驾驶 SenseAuto Pilot 和智能座舱 SenseAuto Cabin 解决方案,为未来汽车数字化提供可能。

在智能驾驶方面,商汤发布了 SenseAuto Pilot-P 驾驶领航方案,该系统通过周视智能感知模块、毫米波雷达、固态激光雷达等设备实现了车道跟随、自动变道、车道保持辅助等高级辅助驾驶功能(ADAS)。

在智能座舱方面,商汤深耕多年,已经与国内外多家头部车企开展合作,覆盖车辆总数超过 1 300 万辆。本次车展,商汤展示了驾驶员感知系统、座舱感知系统、智能钥匙系统等,使得人车更加流畅地交互,大幅提升乘坐与驾驶体验。全新的座舱系统不仅增加了乘车的乐趣,并且为驾驶安全提供了有效的保障。比如,驾驶员感知系统可以捕捉驾驶员的视线方向,自动判断驾驶员是否疲劳驾驶并及时做出有效提醒;座舱感知系统可以感知是否有儿童独自留在车内,并及时向监护人传送信息。

这些“黑科技”离不开商汤科技强大的视觉感知技术的支撑。

3.1 计算机视觉

都说“眼睛是心灵的窗户”,我们每天睁开眼都会看见这个多彩的世界,五彩斑斓的花朵、湛蓝的天空,还有亲人熟悉的笑容。现代的科学研究也表明,人类的学习和认知活动有 80%~85%都是通过视觉完成的。也就是说,视觉是人类感受和理解这个世界的最主要的手段。

计算机视觉(Computer Vision, CV)与自然语言处理(Natural Language Process, NLP)及语音识别(Speech Recognition)并列为机器学习方向的三大热点方向。如今,互联网上超过 70%的数据是图像或视频,全世界的监控摄像头数目已超过人口数,每天有超过八亿小时的监控视频数据生成。如此大的数据量亟待自动化的视觉理解与分析技术。计算机视觉在安防、交通、工业生产、在线购物、医疗影像、机器人/无人机等领域得到广泛应用。

3.1.1 基本概念

1. 视觉

视觉是感受和辨别光的明暗、颜色等特性的感觉。眼睛是视觉的器官,一定波长范围内的光波是视觉的适宜刺激。

视觉可以分为视感觉和视知觉。相对而言,感觉是较低层次的,主要接收外部刺激,对外部刺激基本不加区别地完全接收;知觉则处于较高层次,要确定由外界刺激的哪些部分组合成关心的目标,将外部刺激转化为有意义的内容。

视觉的最终目的,从狭义上说,是要能对客观场景做出对观察者有意义的解释和描述;从广义上讲,还包括基于这些解释和描述并根据周围环境和观察者的意愿来制定出行为规划,并作用于周围的环境,这实际上也是计算机视觉的目标。另外,如何从人类视觉感知与认知机理中获得灵感,利用现代机器学习与物理实现方法,构建有效的视觉计算机模型与视觉系统,是未来人工智能技术发展的重要方向。

2. 计算机视觉

计算机视觉是一门研究如何使机器“看”的科学,更进一步说,就是指用摄像机和计算机代替人眼对目标进行分类、识别、跟踪和测量、空间重建等机器视觉,并进一步做图像处理,用计算机显示出来成为更适合人眼观测或传送给仪器检测的图像。

计算机视觉是使用计算机实现对视觉信息的获取、传输、处理、存储和理解的全过程。计算机视觉使电子计算机具有通过二维图像认知二维和三维环境信息的能力,不仅使机器能感知三维环境中物体的形状、位置、姿态、运动等几何信息,而且能对它们进行描述、存储、识别与理解。

形象地说,就像给计算机安装上眼睛(摄像头)和大脑(算法),让计算机能够感知环境。需要指出,计算机视觉的难点在于语义鸿沟(semantic gap)。人类可以轻松地从图像中识别出目标,而计算机看到的图像只是一组0到255之间的整数。

图3-1显示了计算机视觉领域最活跃的主题时间轴,从最初的数字图像处理、线条标注到最近的特征识别和学习等。

3.1.2 基本原理

眼睛作为敏感的光感应器官,是一切动物与外界联系的信息接收器。人眼的结构是个球体(眼球)。眼球内具有特殊的折光系统,使进入眼内的可见光汇聚在视网膜上,视网膜上含有感光的视杆细胞和视锥细胞,这些感光细胞把接收到的色光信号传到神经节细胞,再由视神经传到大脑皮层枕叶视觉神经中枢,产生色感。

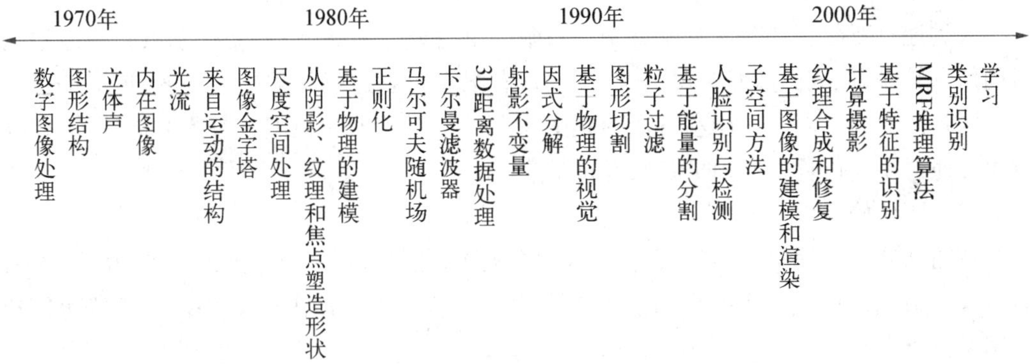

1970年　1980年　1990年　2000年

数字图像处理
图形结构
立体声
内在图像
光流
来自运动的结构
图像金字塔
尺度空间处理
从阴影、纹理和焦点塑造形状
基于物理的建模
正则化
马尔可夫随机场
卡尔曼滤波器
3D距离数据处理
射影不变量
因式分解
基于物理的视觉
图形切割
粒子过滤
基于能量的分割
人脸识别与检测
子空间方法
基于图像的建模和渲染
纹理合成和修复
计算摄影
基于特征的识别
MRF推理算法
类别识别
学习

图 3-1　计算机视觉领域最活跃的主题时间轴

对于人的视觉系统来说，首先由硬件系统——眼球，利用凸透镜成像的原理，在视网膜上形成倒立、缩小的实像，而视网膜上的视神经细胞感受到光的刺激，把这个信号传输给软硬件系统——大脑，通过大脑软件功能进行分析处理，人就可以看到这个物体的正像了。

了解了视觉原理，接下来我们对计算机视觉系统进行学习。计算机视觉系统的硬件构成主要包括摄像机和计算机。摄像机是一种图像采集设备，计算机的核心是中央处理器、内存、硬盘和显示器等。仅有硬件，没有软件，系统也无法运转。计算机视觉的软件功能相当于人脑的功能。从需不需要学习的角度，计算机的操作系统和软件开发工具可认为是基本功能；图像处理软件则可看作特殊功能。软件开发工具包括 C，C++，Visual C++，C#，Python，Java，BASIC，FORTARN 等。常用的图像处理算法软件包括国外的 OpenCV 和 MATLAB，国内的 ImageSys 开发平台等。

接下来，我们以被动测距为例对计算机视觉的基本原理进行讲解。

计算机视觉的最终研究目标就是使计算机像人那样通过视觉观察和理解世界，具有自主适应环境的能力。

在计算机视觉建模过程中，研究的重点放在场景中物体各点相对于摄像机的距离，即场景中某一物体的深度。根据是否通过增加自身发射的能量来测距，获得深度图的方法可以分为被动测距和主动测距。其中，被动测距指接收来自场景发射或反射的光能量，在形成有关场景二维图像的基础上恢复场景的深度信息。可用多台相机相隔一定距离同时获取图像或用单台相机在不同位置获取多幅图像。主动测距包括雷达测距系统、激光测距系统等。相对而言，主动测距投资较大，成本较高；被动测距方法简单，易于实施。

被动测距的四个主要步骤如图 3-2 所示。

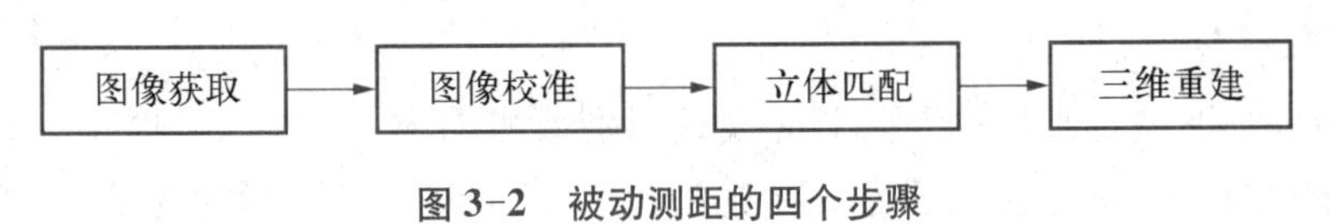

图 3-2　被动测距的四个步骤

（1）图像获取

人类通过双眼获得图像主要是靠左右眼的信息差。对于同一场景，左眼获得左边场景的信息较多，形成图像偏左视网膜的右边；右眼获得右边场景的信息较多，形成图像偏右视网膜的左边。同一点在左右视网膜图像点的位置差即为视差。与此类似，计算机视觉主要通过不同位置上的相机获取不同图像。

（2）图像校准

在图像获取过程中，很多因素会导致图像失真，比如成像系统自身的像差、畸变、宽带有限等。成像器件拍摄姿态和扫描非线性，以及运动模糊、辐射失真、引入噪声等也能造成图像失真。

（3）立体匹配

立体匹配主要是针对同一场景图像，由于拍摄位置不同，因此需要建立基元之间的匹配关系。在双目立体匹配中，匹配基元选择像素，然后获得对应于同一个场景的两个图像中的两个匹配像素的视差，并将视差按比例转换为0～255，以灰度图的形式显示出来，即为视差图。

（4）三维重建

根据立体匹配得到的像素的视差，结合摄像机参数，根据摄像机几何关系得到场景中物体的深度信息，进而得到场景中物体的三维坐标。

3.1.3 计算机视觉举例

尽管计算机视觉任务繁多，但大多数任务本质上可以建模为广义的函数拟合问题，如图3-3所示。即任意输入图像x，需要学习一个以θ为参数的函数F，使得$y=F_{\theta}(x)$。其中，y可能有两大类：

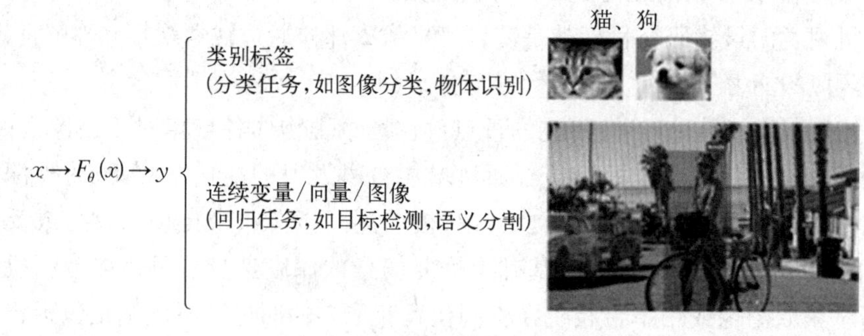

图3-3 常见视觉任务的实现方法

① y为类别标签，对应模式识别或机器学习中的“分类”问题，如场景分类、图像分类、物体识别、人脸识别等视觉任务。这类任务的特点是输出y为有限种类的离散型变量。

② y为连续变量、向量或矩阵，对应模式识别或机器学习中的“回归”问题，如距离估计、目标检测、语义分割等视觉任务。在这些任务中，y或者是连续的变量（如距离、年龄、

角度),或者是一个向量(如物体的坐标位置),或者是每个像素有一个所属物体类别的编号(如分割结果)。

实现上述函数的具体方法有很多,可以被分成两大类,一类是2012年以来应用最广泛的深度模型和学习方法,另一类是与“深度”对应的浅层模型和方法。浅层视觉模型遵循分而治之的策略,将函数人为拆解为预处理、特征提取、特征变换、分类和回归等步骤,在每个步骤上进行人工设计或者使用少量数据进行统计建模。但这些模型局限于人工经验设计或普遍采用简单的线性模型,难以适应实际应用中的高维、复杂、非线性问题。

以深度卷积神经网络为代表的深度学习视觉模型克服了上述困难,采用层级卷积、逐级抽象的多层神经网络,实现了从输入图像到期望输出的、高度复杂的非线性函数映射。这不仅大大提高了处理视觉任务的精度,而且显著降低了人工经验在算法设计中的作用,更多依赖于大量数据,让数据自己决定最“好”的特征或映射函数是什么,实现了从“经验知识驱动的方法论”到“数据驱动的方法论”的变迁。

接下来,我们以鸢尾花的分类为例介绍图像分类的应用。

鸢尾花卉(Iris)数据集是很常用的一个数据集。鸢尾花有三个亚属,分别是山鸢尾(Iris-setosa)、变色鸢尾(Iris-versicolor)和维吉尼亚鸢尾(Iris-virginica)。

该数据集一共包含4个特征变量,1个类别变量。共有150个样本,iris是鸢尾植物,这里存储了其萼片和花瓣的长宽,共4个属性,鸢尾植物分3类,如表3-1所示。

表3-1 鸢尾花数据集

列　名	说　明	类　型
SepalLength	花萼长度	Float
SepalWidth	花萼宽度	Float
PetalLength	花瓣长度	Float
PetalWidth	花瓣宽度	Float
Class	类别变量。0表示山鸢尾,1表示变色鸢尾,2表示维吉尼亚鸢尾	Int

通过一些样本的训练,得到较好的分类器,来判别测试集里的数据是属于变色鸢尾、山鸢尾,还是维吉尼亚鸢尾。

对于鸢尾花这样一个物品,直接去测量,将它花瓣的长度和宽度作为它的特征(图3-4)。

通过尺子测量得到鸢尾花的一个特征,从一个鸢尾花样本中提取一个二维的特征向量,如图3-5所示。这个特征向量就组成一个特征空间,并把它放到直角坐标系中。

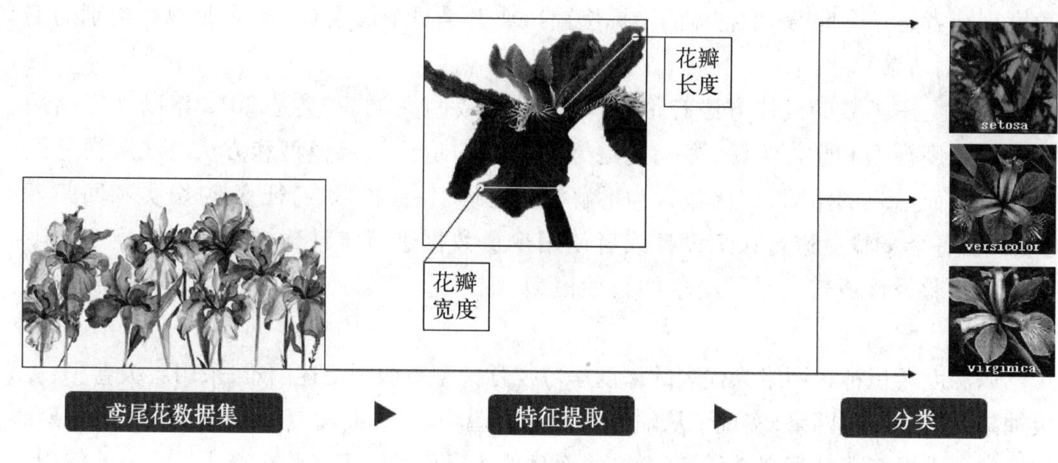

图 3-4 鸢尾花分类

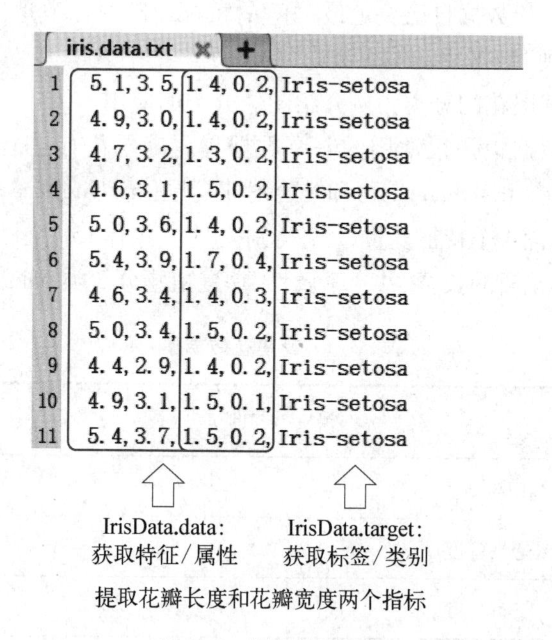

图 3-5 提取特征向量

然后再输入分类器中去训练。训练分类器有很多算法,分为有监督算法和无监督算法。有监督算法如 KNN、支持向量机、感知机、决策树等,无监督算法如聚类、K 均值、主成分分析等。

训练好的分类器就可以用来判断鸢尾花的类别,比如针对测试集的数据就可以进行判断,如图 3-6 所示。

3.1.4 计算机视觉实战

本节将通过人脸识别来进一步加深对计算机视觉原理和流程的理解。

梳理一下实现人脸识别需要进行的步骤,如图 3-7 所示。

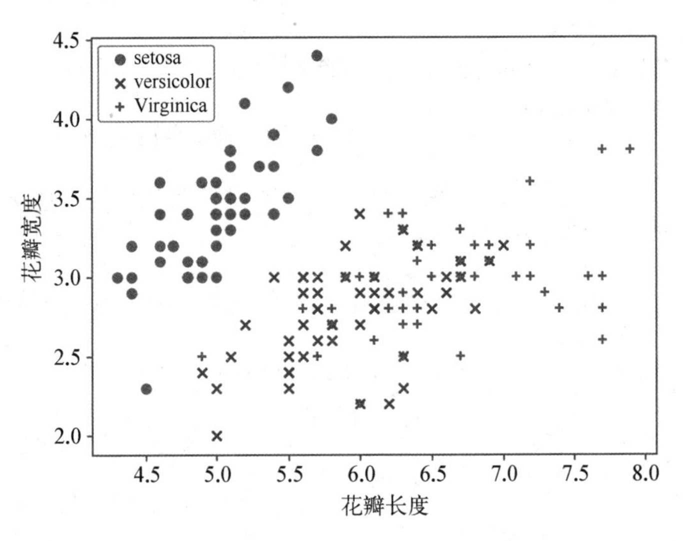

图 3-6　线性分类

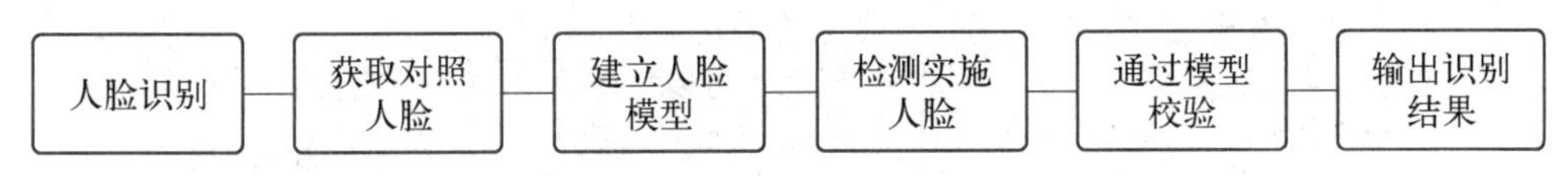

图 3-7　人脸识别基本步骤

利用 Python 编写代码之前,我们先将整个项目所需要的包罗列一下:

① cv2(OpenCV):图像识别,摄像头调用。

② os:文件操作。

③ NumPy(Numerical Python):Python 语言的一个扩展程序库,支持大量的维度数组与矩阵运算,也针对数组运算提供大量的数学函数库。

④ PIL(Python Imaging Library):Python 平台事实上图像处理的标准库。

1. 对照人脸的获取

```
    import cv2
    # 调用笔记本内置摄像头,参数为 0,如果有其他的摄像头可以调整参数为 1,2
    cap = cv2.VideoCapture(0)
    # 调用人脸分类器,要根据实际路径调整
    face_detector =
    cv2.CascadeClassifier('C: /Users/FaceRec/haarcascade_frontalface_
    default.xml')
    # 为即将录入的脸标记一个 id,目录中不含中文字符
    face_id = input('\n User data input,Look at the camera and wait ...')
    count = 0

while True:
    # 从摄像头读取图片
    success, img = cap.read()
```

```
# 转为灰度图片,减少程序符合,提高识别度
if success is True:
    gray = cv2.cvtColor(img, cv2.COLOR_BGR2GRAY)
else:
    break
    # 检测人脸,将每一帧摄像头记录的数据带入 OpenCV 中,让 Classifier 判断
    人脸
    # 其中 gray 为要检测的灰度图像,1.3 为每次图像尺寸减小的比例,5 为
    minNeighbors
faces = face_detector.detectMultiScale(gray, 1.3, 5)
# 框选人脸,for 循环保证一个能检测的实时动态视频流
    for (x, y, w, h) in faces:
# x,y 为左上角的坐标,w 为宽,h 为高,用 rectangle 为人脸标记画框
    cv2.rectangle(img, (x, y), (x + w, y + w), (255, 0, 0))
    # 成功框选则样本数增加
    count += 1
    # 保存图像,把灰度图片看成二维数组来检测人脸区域
    # 这里是建立了 data 的文件夹,当然也可以设置为其他路径或者调用数据库
    cv2.imwrite("data/User." + str(face_id) + '.'+ str(count) +
    '.jpg', gray[y:y + h, x:x + w])
    # 显示图片
    cv2.imshow('image', img)
    # 保持画面的连续,waitkey 方法可以绑定按键保证画面的收放,通过 q 键退出
    摄像
    k = cv2.waitKey(1)
if k == '27':
    break
    # 或者得到 800 个样本后退出摄像,这里可以根据实际情况修改数据量,实际测试
    后 800 张的效果是比较理想的
elseif count >= 800:
    break
# 关闭摄像头,释放资源
cap.realease()
cv2.destroyAllWindows()
```

2. 对照模型算法的建立

本次所用的算法为 Opencv 自带的算法,这里采用 LBPHFaceRecognizer。

LBP 是一种特征提取方式,能提取出图像的局部的纹理特征。最开始的 LBP 算子是在 3×3 窗口中,取中心像素的像素值为阈值,与其周围 8 个像素点的像素值比较,若像素点的像素值大于阈值,则此像素点被标记为 1,否则被标记为 0。这样就能得到一个 8 位二进制的码,转换为十进制即 LBP 码,于是得到了这个窗口的 LBP 值,用这个值来反映这个窗口内的纹理信息。

LBPH 是在原始 LBP 上的一个改进,在 OpenCV 支持下可以直接调用函数创建一个 LBPH 人脸识别的模型。

在前一部分的同目录下创建一个 Python 文件,文件名为 trainner. py,用于编写数据集生成脚本。同目录下,创建一个文件夹,名为 trainner,用于存放训练后的识别器。

```
import os
import cv2
import numpy as np
from PIL import Image
# 导入 pillow 库,用于处理图像
# 设置之前收集好的数据文件路径
path = 'data'
# 初始化识别的方法
recog = cv2.face.LBPHFaceRecognizer_create()

# 调用熟悉的人脸分类器
detector = cv2.CascadeClassifier('haarcascade_frontalface_default.
xml')

# 创建一个函数,用于从数据集文件夹中获取训练图片,并获取 id
# 注意图片的命名格式为 User.id.sampleNum
def get_images_and_labels(path):
    image_paths = [os.path.join(path, f) for f in os.listdir(path)]
    # 新建两个 list 用于存放
    face_samples = []
    ids = []

    # 遍历图片路径,导入图片和 id 添加到 list 中
    for image_path in image_paths:
        # 通过图片路径将其转换为灰度图片
        img = Image.open(image_path).convert('L')
        # 将图片转化为数组
        img_np = np.array(img, 'uint8')
        if os.path.split(image_path)[-1].split(".")[-1] ! = 'jpg':
            continue
        # 为了获取 id,将图片和路径分裂并获取
        id = int(os.path.split(image_path)[-1].split(".")[1])
        faces = detector.detectMultiScale(img_np)
        # 将获取的图片和 id 添加到 list 中
        for (x, y, w, h) in faces:
            face_samples.append(img_np[y: y + h, x: x + w])
            ids.append(id)
    return face_samples, ids
# 调用函数并将数据喂给识别器训练
print('Training...')
faces, ids = get_images_and_labels(path)
# 训练模型
recog.train(faces, np.array(ids))
# 保存模型
recog.save('trainner/trainner.yml')
```

3. 人脸的识别

检测、校验、输出都是识别这一过程，可以将其整合放在一个统一的文件内。

```
# -----检测、校验并输出结果-----
import cv2
# 准备好识别方法
recognizer = cv2.face.LBPHFaceRecognizer_create()
# 使用之前训练好的模型
recognizer.read('trainner/trainner.yml')
# 再次调用人脸分类器
cascade_path = "haarcascade_frontalface_default.xml"
face_cascade = cv2.CascadeClassifier(cascade_path)
# 加载一个字体，用于识别后，在图片上标注出对象的名字
font = cv2.FONT_HERSHEY_SIMPLEX
idnum = 0
# 设置好与 id 号码对应的用户名，如下，如 0 对应的就是初始
names = ['初始', 'admin', 'user1', 'user2', 'user3']
# 调用摄像头
cam = cv2.VideoCapture(0)
minW = 0.1 * cam.get(3)
minH = 0.1 * cam.get(4)

while True:
    ret, img = cam.read()
    gray = cv2.cvtColor(img, cv2.COLOR_BGR2GRAY)
    # 识别人脸
    faces = face_cascade.detectMultiScale(
        gray,
        scaleFactor=1.2,
        minNeighbors=5,
        minSize=(int(minW), int(minH))
    )
    # 进行校验
    for (x, y, w, h) in faces:
        cv2.rectangle(img, (x, y), (x + w, y + h), (0, 255, 0), 2)
        idnum, confidence = recognizer.predict(gray[y: y + h, x: x + w])
        # 计算出一个检验结果
        if confidence < 100:
            idum = names[idnum]
            confidence = "{0}% ", format(round(100 - confidence))
        else:
            idum = "unknown"
            confidence = "{0}% ", format(round(100 - confidence))
        # 输出检验结果以及用户名
        cv2.putText(img, str(idum), (x + 5, y - 5), font, 1, (0, 0, 255), 1)
```

```
        cv2.putText(img, str(confidence), (x + 5, y + h - 5), font, 1, (0, 0,
        0), 1)
        # 展示结果
        cv2.imshow('camera', img)
        k = cv2.waitKey(20)
        if k == 27:
            break
# 释放资源
cam.release()
cv2.destroyAllWindows()
```

到此为止,你的电脑就能识别出你来啦!

3.2 模式识别

我们身边随时可见模式识别的现象。所看,我们能认出周围的物体是公交车还是自行车,能认出身边的人是班上的某个同学还是超市里的某个售货员;所听,我们能听出是鸟叫还是狗叫,是人在说话还是炒菜的声音;所闻,我们能分辨出是花香还是果香,抑或装修的味道。

这些基本的能力,我们都习以为常。随着计算机的普及与发展,如何用计算机来实现这种能力,是摆在研究人员面前的一个新课题。其难度并不像前面所述的习以为常。

另一方面,对人脑运行过程的探究和计算机模拟能力的增强是相互促进的。心理学上的研究结果有助于更好地设计计算机模拟,计算机的模拟反过来在一定程度上可以加深理解人脑的整个运行过程。

3.2.1　基本概念

1. 模式

通常把通过具体的个别事物进行观测所得到的具有时间和空间分布的信息称为模式。把模式所属的类别或同一类别中模式的总体称为模式类(或者简称为类)。这里的模式可看成样品所具有的特征的描述。

本书重点讨论计算机进行模式识别,这里的信息表现为向量或数组。其中的元素对应响应的时间与空间,或者其他的模式特征,如指纹等。

这里的模式一般应有以下特征:

(1) 可观测性。模式可以通过一定的传感装置获取。

(2) 可区分性。模式在不同类样本间有差异特征。

(3) 相似性。模式在同类样本间具有相似特征。

模式按照不同标准可有不同类别,具体如表3-2所示。

表 3-2 模式识别分类

依 据	基本分类	说 明
结 构	简单模式	作为整体处理,如一个文字
	复杂模式	分层描述,如一篇文章
来 源	空间模式	空间分布信息,如遥感信息等
	时间模式	时间信息,如语音信号
	时空模式	兼有时间和空间信息,如视频信号
样本性质	确定性模式	条件不变,结果一致,具有可重复性
	随机模式	条件不变,结果随机,不具有可重复性

2. 模式识别

在前面模式类定义的基础上,模式识别(Pattern Recognition)可认为是赋予每个模式类的标识符的过程。模式识别的定义为:对表征事物或现象的各种形式的信息进行处理和分析,以对事物或现象进行描述、辨认、分类和解释的过程。

模式识别的过程实际上就是通过对观测样本的分析,完成对输入模式的分类并进而给出关于输入模式的描述的过程。本质上是对表征事物或现象的各种信息进行处理和分析,并进行描述、辨认、分类和解释的过程。

模式识别的任务是替代人工,用机器自动地完成对输入模式的分类识别功能。

模式识别按照理论大致可以分为统计模式识别和结构模式识别。统计模式识别是利用统计学的手段,根据观测样本在特征空间中的分布情况将特征空间划分为与类别数相等的若干个区域,每一个区域对应一个类别。它以模式类在特征空间分布的类概率密度函数为基础,是模式识别的主要理论。结构模式识别主要是根据识别对象的结构特征,采用树或图等具有一定结构的表达方式,通过分析被测对象的结构信息完成。

模式识别按照实现方法或者样本的类别属性,可以分为有监督的模式识别和无监督的模式分类。其中,有监督的模式识别侧重依靠已知类别的训练样本集,需要有足够的先验知识;无监督的模式分类一般采用聚类分析的方法,分析各向量之间的距离及分散情况。

模式识别还可以按照所使用的工具分为模糊模式识别和神经网络模式识别,分别用到了模糊数学中的“模糊”概念,以及神经网络中对形象思维的模拟。

模式识别还有其他分类方法,这些方法之间可以相互融合,促进发展。

3.2.2　基本原理

一个典型的模式识别系统主要包括四个部分：数据获取，预处理，特征提取和选择，分类决策（图 3-8）。

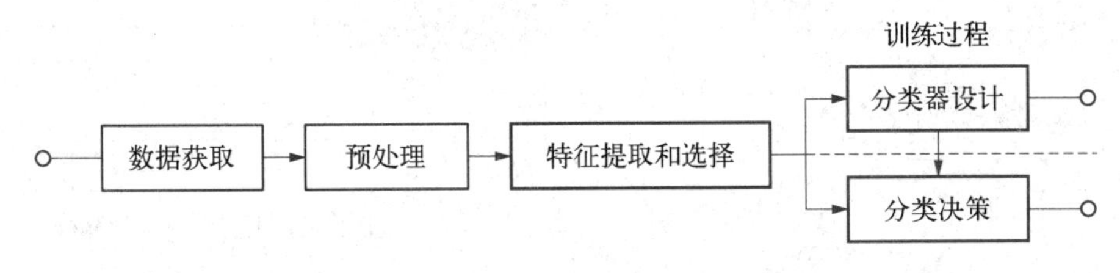

图 3-8　模式识别系统的基本构成

（1）数据获取

输入对象信息通常包括图像或者波形，以及一些物理参量如病人体温、化验数据等。数据获取主要是针对这些对象，通过测量、采样和量化，用计算机可以运算的矩阵或者向量表示。

（2）预处理

主要是去除数据获取过程中的一些噪声和干扰，加强有用信息，一般包括数字滤波、坐标变换、图像增强和恢复等。

（3）特征提取和选择

这里我们先明确两个名词。测量空间指由原始数据组成的空间，特征空间指分类识别赖以进行的空间。特征可以分为属性特征（如长度、重量、性别等）和机缘特征（如边缘、轮廓等）。特征提取和选择过程主要是对原始数据进行变换，得到最能反映分类本质的特征。另外，通过变换，将维数较高的测量空间对应至维数较低的特征空间。

（4）分类决策

在特征空间中用模式识别方法把识别对象归为某一类别。此过程重点通过训练建立特征空间分割区域与类别的关联，在接下来有新的输入时，即可根据训练结果进行分类或识别。此步骤的基本做法是在样本训练集基础上确定某个判决规则，使按这种判决规则对被识别对象进行分类所造成的错误识别率最小或引起的损失最小。

3.2.3　模式识别举例

为了更直观地了解模式识别，这里利用珍珠品质识别系统做一介绍（图 3-9）。

该系统主要包括工作台、摄像头和计算机。其中，工作台和摄像头分别用于放置珍珠和获取珍珠观测图像，计算机用于图像处理与品质判决。珍珠品质好坏由很多因素影响，其中，主要指标包括大小、形状（圆度）、光泽、颜色等，如图 3-10 所示。

接下来，要确定根据这些指标进行品质判决时用到的图像特征。这里选取大小和圆度两个指标进行综合评价。

珍珠圆度定义如下：

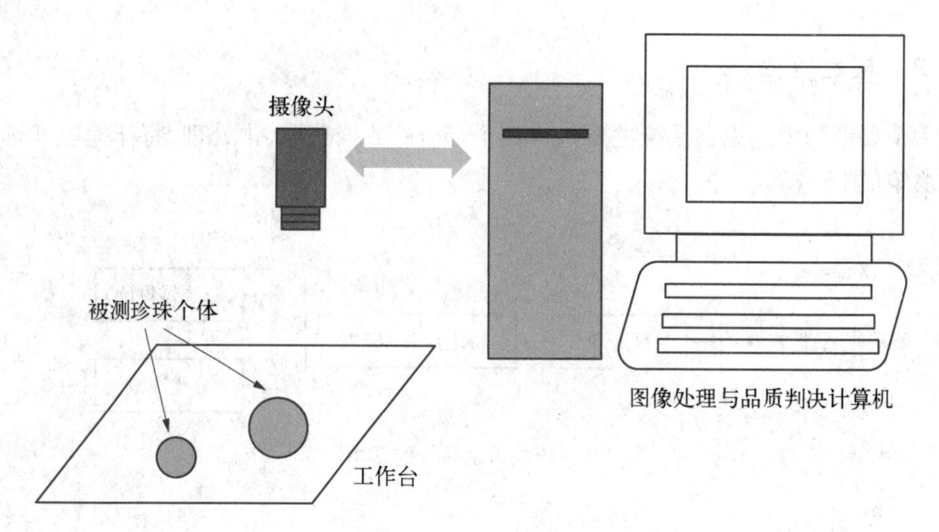

图 3-9　珍珠品质识别系统

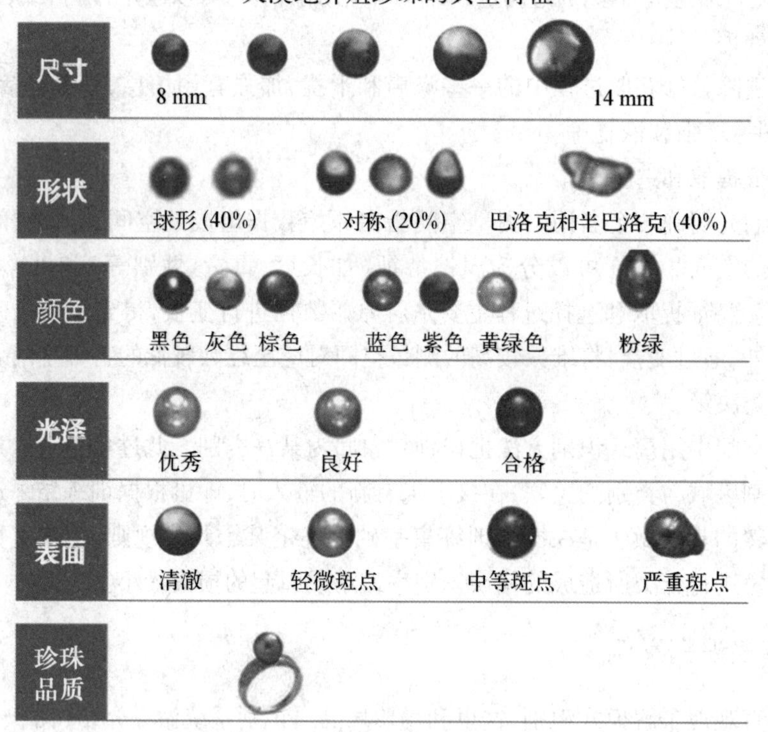

图 3-10　珍珠品质指标

$$RD = \frac{R_{max} - R_{min}}{R} \tag{3-1}$$

式中，R 为边界上点到珍珠中心 C 的欧氏距离(图 3-11)；R_{max}、R_{min} 和 R 分别为最大值、最小值和平均值。RD 越小，代表珍珠越圆，圆度越好。“珠圆玉润”是大部分人对珍珠的审美习惯。一般将直径差百分比小于等于1%作为正圆标准。

珍珠的大小可以由摄像机获取珍珠面积S决定。在同一标准下，S取值越大，珍珠越大，品质越好。目前，市面上珍珠的直径从2毫米到16毫米不等。珍珠越大，数量越稀少，越显珍贵。

接下来，我们结合两种模式识别方法——概率分类法和几何分类法进一步说明分类过程。

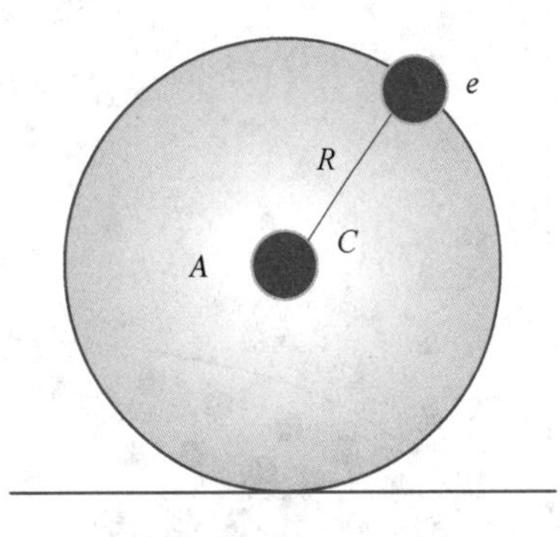

图3-11　欧氏距离R

1. 基于圆度指标的有监督概率分类法

这里以圆度作为指标。主要有两个步骤：设计与实现。其中，设计指用一定量的样本（训练集）设计分类器；实现则指基于设计的分类器对待检测样本进行分类。

在设计过程中，首先建立珍珠圆度的概率模型。为简单起见，将珍珠样本分为合格与不合格两种。选取一定数量的珍珠作为训练样本，对样本进行图像测量，获取对应的圆度指标信息。统计每一分类中样本圆度指标的实测值，建立相应的统计直方图（图3-12），其中，横纵坐标分别为圆度指标和对应的频数。

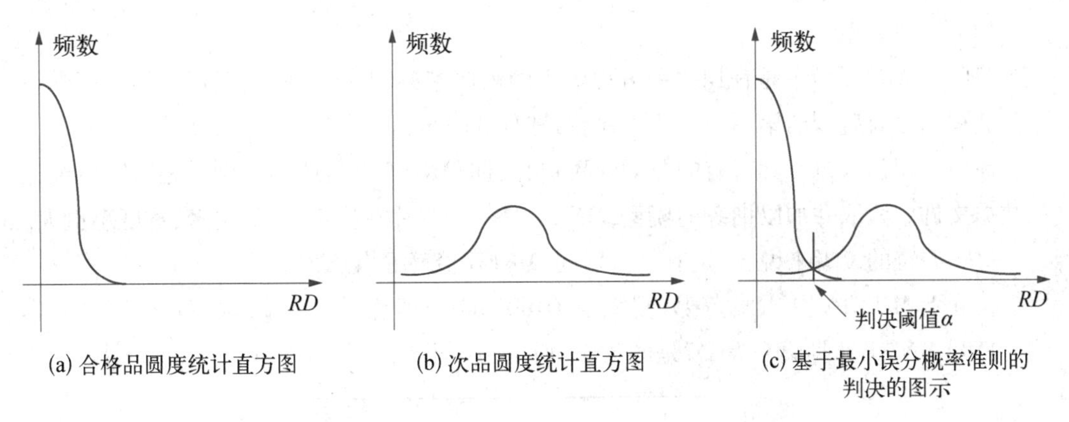

(a) 合格品圆度统计直方图　(b) 次品圆度统计直方图　(c) 基于最小误分概率准则的判决的图示

图3-12　基于珍珠分类统计直方图的概率判决

从图中可见，合格品对应的圆度指标取值较小，不合格品对应的圆度指标取值范围较广，且取值较大。于是，可以建立分类规则，当圆度指标取值小于某一阈值时（如图中α），则可以断定此珍珠为合格品。这里的阈值非常关键，直接决定了后面分类的整体情况。一般在选取时，可以使系统误分概率最小，也可以使系统风险化最小。图3-12依据最小误分概率准则。

需要注意的是，为了易于理解，这里对分类数量、分类标准等都做了简化。

在确定前期的设计后，即可进行实现的操作了，包括珍珠通过漏斗置于工作台、摄像头拍照、进行品质判断（先进行图像的处理，包括分割、特征提取等）。最后，根据设定的阈值进行分类，并执行机械手抓取，完成分拣过程。

2. 基于圆度和大小指标的二维几何分类法

这里选取圆度和大小两个指标，采用几何分类法进行品质判别。与概率分类法相同，

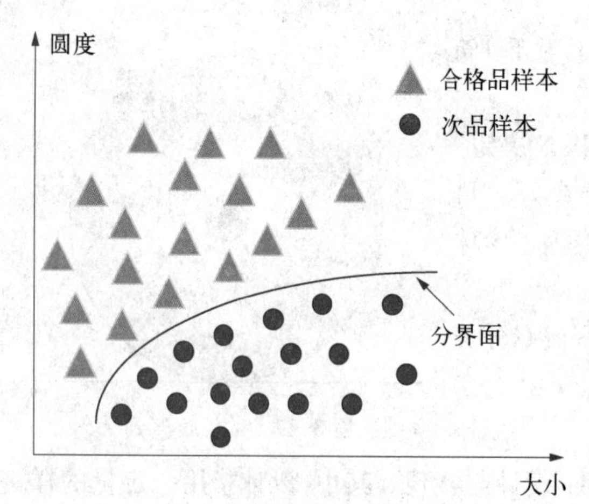

图 3-13　基于珍珠分类特征空间分布的几何判决

将珍珠样本分为合格品和不合格品。与概率分类法不同的是，几何分类法直接利用训练样本在特征空间中的分布进行分类判决。以圆度和大小为参数构建二维特征空间，并利用训练样本获得样本在特征空间的分布，同时结合专家提供的建议作为分类标签。根据测得的样本值及所属类别标签，将对应的样本映射到特征空间，并根据分布情况，确定合格品与不合格品的分界面。此分界面应尽量满足同一类别样本划到同一区域的原则，并尽可能简单，如图 3-13 所示。

3.2.4　模式识别实战

本节将通过 MNIST 数据集中手写体识别进一步认识模式识别的流程。

1. MNIST 数据集

(1) 整体介绍

"Hello World"几乎是任何一种编程语言的入门基础程序，一般在真正开始入门学习一门编程语言时碰到的第一个范例程序就是"Hello World"。

在模式识别中也有其特有的"Hello World"，即 MNIST 手写体的识别。相对于单纯地从数据文件中读取并加以训练的模型，MNIST 是一个图片数据集，分类更多，难度也更大。

对于好奇的读者来说，一定有一个疑问，MNIST 究竟是什么?

实际上 MNIST 是一个数字数据库，它有 60 000 个训练样本集和 10 000 个测试样本集。打开 MNIST 数据集来看，就是图 3-14 所示的样子。

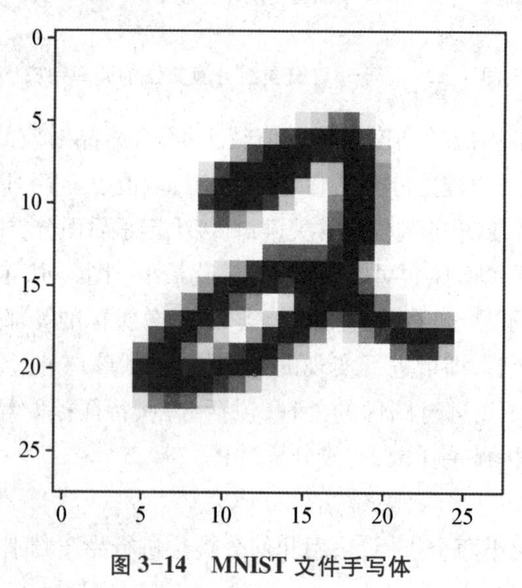

图 3-14　MNIST 文件手写体

它是 MNIST 数据库的一个子集。MNIST 数据库官方网址为：http://yann. lecun. ocm/exdb/mnist。也可以在 Windows 中直接下载 train-images-idx3-ubyte. gz，train-labels-idxl-ubyte. gz 等，如图 3-15 所示。

Four files are available on this site:

```
train-images-idx3-ubyte.gz:   training set images (9912422 bytes)
train-labels-idx1-ubyte.gz:   training set labels (28881 bytes)
t10k-images-idx3-ubyte.gz:    test set images (1648877 bytes)
t10k-labels-idx1-ubyte.gz:    test set labels (4542 bytes)
```

图 3-15　MNIST 文件中包含的数据集

下载并解压这四个文件。解压后会发现这四个文件并不是标准的图像格式文件，而是一个训练图片集、一个训练标注集、一个测试图片集和一个测试标注集。可以看出这些文件本身并不是一个普通的文本文件或图像文件，而是一个压缩文件。下载并解压出来，看到的是二进制文件，其中训练图片集文件的内容部分如图 3-16 所示。

```
00000000  00 00 08 01 00 00 27 10  07 02 01 00 04 01 04 09
00000010  05 09 00 06 09 00 01 05  09 07 03 04 09 06 06 05
00000020  04 00 07 04 00 01 03 01  03 04 07 02 07 01 02 01
00000030  01 07 04 02 03 05 01 02  04 04 06 03 05 05 06 00
00000040  04 01 09 05 07 08 09 03  07 04 06 04 03 00 07 00
00000050  02 09 01 07 03 02 09 07  07 06 02 07 08 04 07 03
00000060  06 01 03 06 09 03 01 04  01 07 06 09 06 00 05 04
00000070  09 09 02 01 09 04 08 07  03 09 07 04 04 04 09 02
00000080  05 04 07 06 07 09 00 05  08 05 06 06 05 07 08 01
00000090  00 01 06 04 06 07 03 01  07 01 08 02 00 02 09 09
000000a0  05 05 01 05 06 00 03 04  04 06 05 04 06 05 04 05
000000b0  01 04 04 07 02 03 02 07  01 08 01 08 01 08 05 00
000000c0  08 09 02 05 00 01 01 01  00 09 00 03 01 06 04 02
000000d0  03 06 01 01 01 03 09 05  02 09 04 05 09 03 09 00
000000e0  03 06 05 05 07 02 02 07  01 02 08 04 01 07 03 03
000000f0  08 08 07 09 02 02 04 01  05 09 08 07 02 03 00 04
00000100  04 02 04 01 09 05 07 07  02 08 02 06 08 05 07 07
```

图 3-16　MNIST 文件的二进制表示

MNIST 训练图片集内部的文件结构如图 3-17 所示。

```
TRAINING SET IMAGE FILE (train-images-idx3-ubyte):
[offset] [type]          [value]          [description]
0000     32 bit integer  0x00000803(2051) magic number
0004     32 bit integer  60000            number of images
0008     32 bit integer  28               number of rows
0012     32 bit integer  28               number of columns
0016     unsigned byte   ??               pixel
0017     unsigned byte   ??               pixel
........
xxxx     unsigned byte   ??               pixel
```

图 3-17　MNIST 文件的结构图

图 3-17 是图片集的文件结构,其中有 60 000 个实例。也就是说,这个文件里面包含了 60 000 个图片内容,每一个图片的值为 0~9 的一个整数。这里先解析每一个属性的含义,首先,该数据是以二进制存储的,我们读取的时候要以“rb”方式读取;其次,真正的数据只有[value]这一项,其他的[type]等只是用来描述的,并不真正在数据文件里面。

也就是说,在读取真实数据之前,要读取 4 个 32 位的整型数据。由[offset]可以看出真正的像素(Pixel)是从 0016 开始的,是一个整型 32 位的数据,所以在读取像素之前要读取 4 个 32 位的整型数据,也就是 magic number, number of images, number of rows, number of columns。

(2) MNIST 数据集的特征和标注

对于数据集获取,读者可以通过前面的地址下载正式的 MNIST 数据集,而在 TensorFlow 2.0 中,集成的 Keras 高级 API 带有已经处理成 npy 格式的 MNIST 数据集,可以将其载入并进行计算。

```
mnist = tf.keras.datasets.mnist
(train_images,train_labels),(test_images,test_labels)= mnist.load_
data()
```

Load_data 函数会根据输入的地址对数据进行处理,并自动分解成训练集和验证集,打印训练集和测试集的维度如下:

```
print(">>> train_images.shape"+'\n',train_images.shape)
print(">>> train_labels.len"+"\n",len(train_labels))
print(">>> test_images.shape"+'\n',test_images.shape)
print(">>> test_labels.len"+"\n",len(test_labels))
>>> train_images.shape
 (60000, 28, 28)
>>> train_labels.len
 60000
>>> test_images.shape
 (10000, 28, 28)
>>> test_labels.len
 10000
```

这是使用 Keras 自带的 API 进行数据处理的第一个步骤,有兴趣的读者可以自行完成数据的读取和切分的代码。

上面代码段中的 input_data 函数可以按既定的格式被读取出来。每一个 MNIST 实例的数据单元也是由两部分构成的,一张包含手写数字的图片和一个与其相对应的标签。可以将其中的标签特征设置成“y”,而图片特征矩阵以“x”来代替,所有的训练集和测试集中都包含 x 和 y。

图 3-18 用更为一般化的形式解释了 MNIST 数据集实例的展开形式。在这里，图片数据被展开成矩阵形式，矩阵大小为 28×28。至于如何处理这个矩阵，一般的方法是将其展开，而展开的方式和顺序并不重要，只需要按同样的方式展开即可。

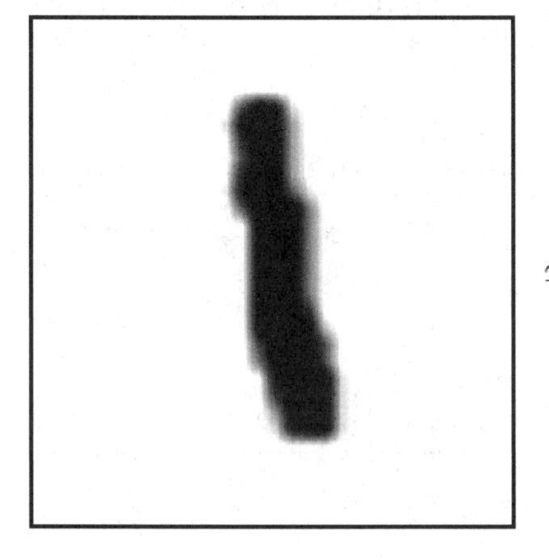

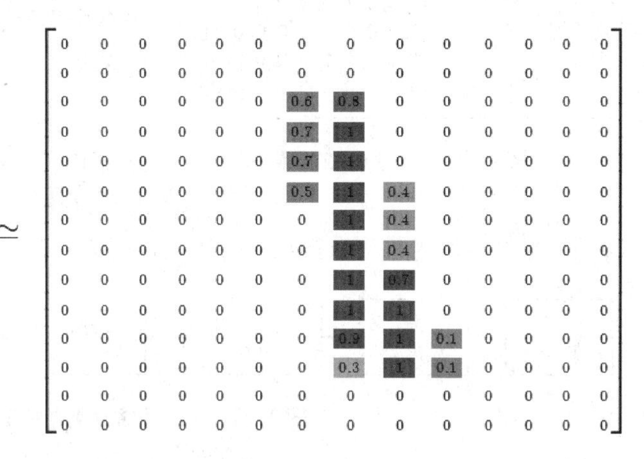

图 3-18　图片转换为向量模式

下面回到对数据的读取，前面已经介绍，MNIST 数据集实际上就是一个包含着 60 000 张图片的 60 000×28×28 大小的矩阵张量[60 000, 28, 28]，如图 3-19 所示。

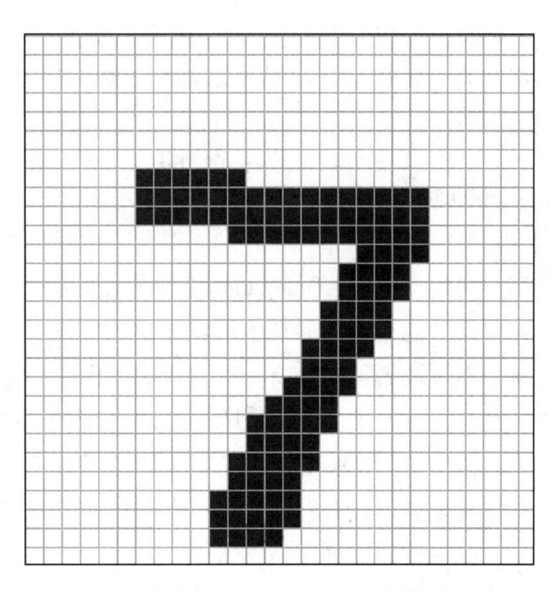

图 3-19　MNIST 数据集的矩阵表示

矩阵中行数指的是图片的索引，用以对图片进行提取。后面的 28×28 个向量用以对图片进行特征标注。更进一步说明，这些特征向量实际上就是图片中的像素点，每张手写图片是[28,28]的大小，将每个像素转为 0~1 的一个浮点数，并共同构成一个矩阵。

每个实例的标签对应于 0~9 的任意一个数字，用以对图片进行标注。另外，需要注意的是，对于提取出的 MNIST 特征值，默认使用一个 0~9 的数值进行标注，但是这种标注方法并不能使损失函数计算结果更好，因此常用的是 one_hot(独热编码)计算方法，也就是把值落在某个标注区间内。

Keras 同样提供了已经编写好的转换函数：tf. keras. utils. to_categorical。它的作用是将一个序列转化为 one_hot 形式表示的数据集。

举例说明 one_hot 编码：假如一共有四类(数字 0~3)，0 的 one_hot 为 1000，1 的 one_hot 为 0100，2 的 one_hot 为 0010，3 的 one_hot 为 0001。只有一个位为 1，1 所在的位置就

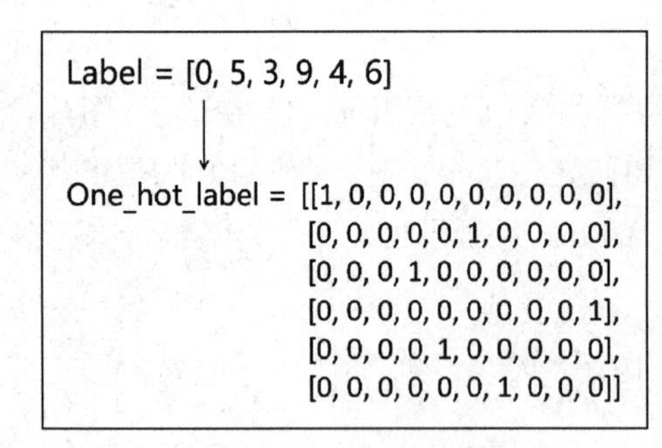

图 3-20　one_hot 数据集

代表第几类,如图 3-20 所示。

对于 MNIST 数据集的标签来说,实际上就是一个 60 000 张图片的 60 000×10 大小的矩阵张量[60 000, 10]。前面的行数指的是数据集中图片的个数 60 000,后面的 10 是 10 个列向量。

2. 编程实战

上一节对 MNIST 数据集做了介绍,包括构成方式及特征和标注记录。本节将一步步地进行分析和编写代码来处理数据集。具体流程如图 3-21 所示。

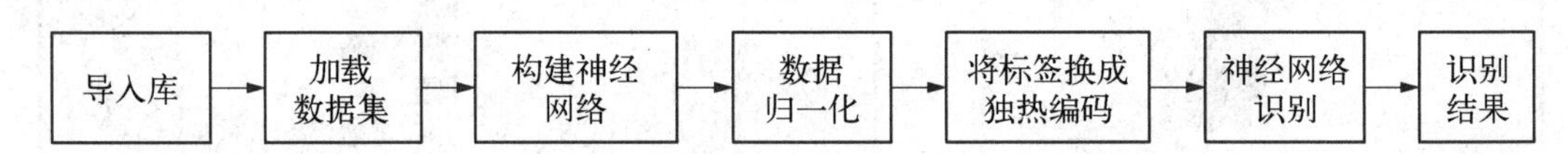

图 3-21　神经网络分类器数字识别方案

(1) 数据的获取

对于 MNIST 数据的获取实际上有很多渠道,读者可以使用 TensorFlow 2.0 自带的数据获取方式对 MNIST 数据集进行下载和处理,代码如下:

```
(train_images, train_labels), (test_images, test_labels) = mnist.load_
data()
```

实际上,对于 TensorFlow 2.0 来说,更多的是采用 API 和一些数据集的收集和整理,使得模型的编写和验证能够给予最大限度的方便。

不过读者可能会有一个疑问,对于已经提供好的 API 的编写和能够个人实现的 API 的编写,选择哪个呢? 选择写好的自带的 API,除非能肯定自带的 API 不适合编写的代码。因为实际上多数编写好的 API 在底层都会做一定的优化,调用不同的库包去最大效率地实现功能,即使看起来功能一样,但是在内部还是有所不同。

(2) 构建网络

神经网络的核心组件是层(layer),它是一种数据处理模块,可以将它看成数据过滤器。进去一些数据,出来的数据变得更加有用。具体来说,层从输入数据中提取表示——我们期望这种表示有助于解决手头的问题。大多数深度学习都是将简单的层链接起来,从而实现渐进式的数据蒸馏(data distillation)。深度学习模型就像数据处理的筛子,包含一系列越来越精细的数据过滤器(即层)。神经网络结构如图 3-22 所示。

本例中的网络包含 2 个 Dense 层,它们是密集连接(也叫全连接)的神经层。第二层(也是最后一层)是一个 10 路 softmax 层,它将返回一个由 10 个概率值(总和为 1)组成的

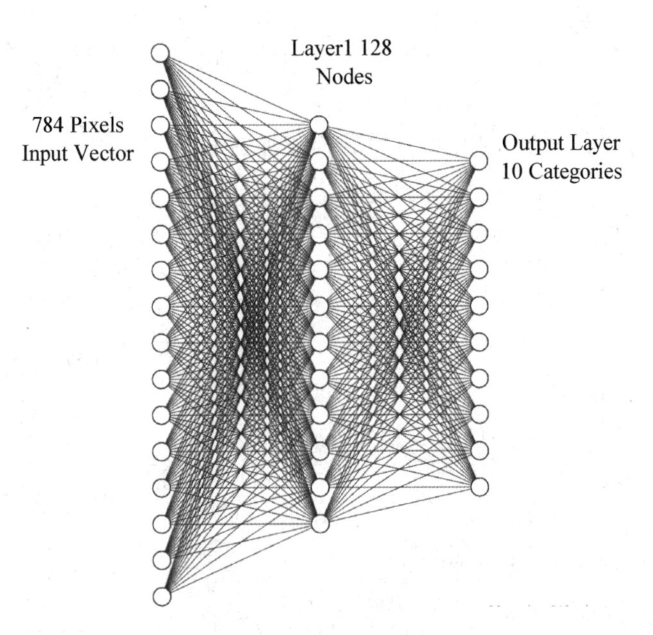

图 3-22 神经网络的结构

数组。每个概率值表示当前数字图像属于 10 个数字类别中某一个的概率。代码如下：

```
model = tf.keras.Sequential()
model.add(tf.keras.layers.Flatten(input_shape=(28, 28))) #28* 28
model.add(tf.keras.layers.Dense(128, activation='relu'))
# 中间隐藏层激活函数用 relu
model.add(tf.keras.layers.Dense(10, activation='softmax'))
#多分类输出一般用 softmax 分类器
```

（3）编译步骤

要想训练网络，还需要选择编译（compile）步骤的三个参数。

① 损失函数（loss function）：网络如何衡量在训练数据上的性能，即网络如何朝着正确的方向前进。

② 优化器（optimizer）：基于训练数据和损失函数来更新网络的机制。

③ 在训练和测试过程中需要监控的指标（metric）：本例只关心精度，即正确分类的图像所占的比例。代码如下：

```
model.compile(optimizer='adam', loss='categorical_crossentropy',
metrics=['acc'])
```

在开始训练之前，将对数据进行预处理，将其变换为网络要求的形状，并缩放到所有值都在区间[0, 1]上，即对图片进行归一化。

```
x_train, x_test = x_train / 255.0, x_test / 255.0  #归一化
```

还需要对标签进行分类编码,将标签转换成独热编码。

```
y_train_onehot = tf.keras.utils.to_categorical(y_train)
y_test_onehot = tf.keras.utils.to_categorical(y_test)
```

现在准备开始训练网络,在 Keras 中这一步是通过调用网络的 fit 方法来完成的——在训练数据上拟合(fit)模型。

```
history = model.fit(x_train, y_train_onehot, epochs=5)
```

最后将模型保存下来,代码如下:

```
model.save('model.h5')
```

(4) 结果分析

下面是测试结果:

```
1875/1875 [==============================] - 3s 1ms/step - loss: 0.2586 - acc: 0.9254
Epoch 2/5
1875/1875 [==============================] - 3s 1ms/step - loss: 0.1120 - acc: 0.9664
Epoch 3/5
1875/1875 [==============================] - 3s 1ms/step - loss: 0.0773 - acc: 0.9765
Epoch 4/5
1875/1875 [==============================] - 3s 2ms/step - loss: 0.0579 - acc: 0.9819
Epoch 5/5
1875/1875 [==============================] - 3s 1ms/step - loss: 0.0446 - acc: 0.9858
saved total model.

Process finished with exit code 0
```

训练过程中显示了两个数字:一个是网络在训练数据上的损失(loss),另一个是网络在训练数据上的精度(acc)。

我们很快就在训练数据上达到了 0.985(98.5%)的精度。现在来检查一下模型在测试集上的性能。下面是测试结果:

```
313/313 [==============================] - 0s 1ms/step - loss: 0.0721 - acc: 0.9774

Process finished with exit code 0
```

测试集精度为 97.7%,比训练集精度低不少。训练精度和测试精度之间的这种差距是过拟合(overfit)造成的。过拟合是指机器学习模型在新数据上的性能往往比在训练数

据上要差。

(5) 属于自己的模型

接下来,我们用训练好的模型来预测一张数字图片。

首先自己制作一张数字图片,可以用电脑自带的画图工具做,效果如图 3-23 所示。

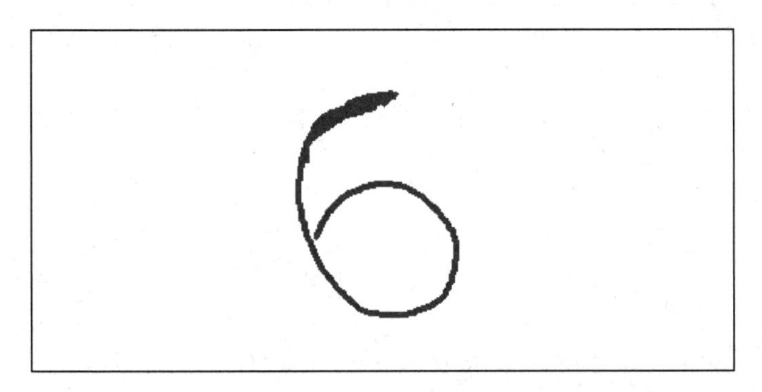

图 3-23　手写数字图片

下面是测试结果:

```
[[0.06765351 0.11887777 0.11750332 0.06165295 0.18684241 0.04200258
  0.19433641 0.10272293 0.06369563 0.04471249]]
6
```

【程序 1-1 mnist_train. py】

```
import tensorflow as tf
import numpy as np
from PIL import Image
import matplotlib.pyplot as plt
import pandas as pd

new_model = tf.keras.models.load_model('model.h5')

# 调用模型进行预测识别
im = Image.open(r"7.png")  # 读取图片路径
im = im.resize((28, 28))  # 调整大小和模型输入大小一致
im = np.array(im)

# 对图片进行灰度化处理
p3 = im.min(axis=-1)
# plt.imshow(p3, cmap='gray')

# 将白底黑字变成黑底白字
for i in range(28):
```

```
    for j in range(28):
        p3[i][j] = 255-p3[i][j]

# 模型输出结果是每个类别的概率,取最大的概率的类别就是预测的结果
ret = new_model.predict((p3 / 255).reshape((1, 28, 28)))
print(ret)
number = np.argmax(ret)
print(number)
```

【程序 1-2 mnist_test. py】

```
import tensorflow as tf
import numpy as np
import matplotlib.pyplot as plt
import pandas as pd

# 加载 mnist 数据集
mnist = tf.keras.datasets.mnist
(x_train, y_train), (x_test, y_test) = mnist.load_data()
#print(x_train.shape)
#plt.imshow(x_train[0])
x_train, x_test = x_train / 255.0, x_test / 255.0  # 归一化
y_train_onehot = tf.keras.utils.to_categorical(y_train)
# 将标签转换成独热编码
y_test_onehot = tf.keras.utils.to_categorical(y_test)

network = tf.keras.models.load_model('model.h5')
network.evaluate(x_test, y_test_onehot)
```

【程序 1-3 test_one_img. py】

```
import tensorflow as tf
import numpy as np
from PIL import Image
import matplotlib.pyplot as plt
import pandas as pd

new_model = tf.keras.models.load_model('model.h5')

# 调用模型进行预测识别
im = Image.open(r"6.png")  # 读取图片路径
im = im.resize((28, 28))  # 调整大小和模型输入大小一致
im = np.array(im)
```

```
# 对图片进行灰度化处理
p3 = im.min(axis=-1)
# plt.imshow(p3, cmap='gray')

# 将白底黑字变成黑底白字
for i in range(28):
    for j in range(28):
        p3[i][j] = 255-p3[i][j]

# 模型输出结果是每个类别的概率,取最大的概率的类别就是预测的结果
ret = new_model.predict((p3 / 255).reshape((1, 28, 28)))
print(ret)
number = np.argmax(ret)
print(number)
```

第4章 认知智能

阿里巴巴集团旗下的高德地图是一家数字地图内容、导航和位置服务解决方案提供商,作为互联网基础设施,它建立了人与位置的关系。

高德背后有非常多的技术支持,包括地图制作、搜索推荐、路径规划、数据挖掘等。作为一款导航软件,搜索往往是用户使用的第一步。相比网页非结构化长文本的千亿级的搜索规模,地图搜索常常是结构化短文本,规模在千万级。虽然其量级不算大,但是用户对搜索结果的精度要求却很高。

从2010年开始,高德逐渐完善它的搜索系统,并不断引入机器学习、深度学习等人工智能技术,实现诸如模糊匹配、场景推荐等复杂的功能。比如,用户在搜索时,输入的检索词经常会由于拼音相近或字形相近等出现拼写错误,在无法搜索到相匹配的地点时,高德地图搜索引擎会调用地理实体库,借助数据库中的逻辑隶属关系对结果进行纠正;在用户没有输入完整的信息时,引擎会为用户自动补全兴趣点(POI,地理信息系统中的地铁站、地标、小区等),罗列出补全后的所选项并进行智能排序。

高德地图日活跃用户过亿,面对如此巨大的访问量,如果使用人工标注搜索结果是不现实的,这就不得不借助人工智能技术的力量。随着用户的不断输入,机器学习可以动态调整POI,满足不同区域用户的个性化需求,精准反馈搜索结果,实现千域千面。

4.1 搜索技术

在生活中,我们一直在做出选择。出门旅行该走哪一条路,运输货物时应该如何摆放,都是在多种方案中搜索最好或者看起来最好的,这是人工智能搜索技术需要解决的问题。这些问题都可以归为搜索问题,求解这些问题的技术称为搜索技术。简言之,搜索是根据问题实际情况,按一定策略或规则找到一定的可利用知识,构造出一条合理路线的过程。

在早期研究中,深度优先、广度优先等盲目搜索技术和启发式搜索技术得到了广泛应用,如求解八数码问题、五子棋问题等。随着1968年A^*算法的发明,广泛的状态空间求

解有了新的解决方法。博弈搜索研究也在 20 世纪 60 年代得到深入研究。特别是 20 世纪 90 年代,“深蓝”计算机战胜人类国际象棋世界冠军,引起了广泛关注。近年来,博弈搜索结合深度学习,计算机战胜了人类的围棋世界冠军,宣告了人工智能发展新高潮的来临。

搜索直接关系到智能系统的性能与运行效率,因而美国人工智能专家尼尔逊(N. J. Nilsson)把它列为人工智能研究的四个核心问题之一。这四个核心问题包括: 知识的模型和表示,常识性推理、演绎和问题求解,启发式搜索,人工智能系统和语言。

现在,搜索技术存在于各种人工智能系统中,在专家系统、自然语言理解、自动程序设计、模式识别、机器人学、信息检索和博弈等领域也都得到了广泛应用。

4.1.1　基本概念

1. 问题求解

问题求解及搜索是个大课题,是人工智能中的核心概念和技术。本章所涉及的问题求解不包括线性微分方程组等例行计算方法。

从广义上说,人工智能问题都可以看作一个问题求解的过程,主要要求在给定条件下寻求一个能解决某类问题且能在有限步内完成的算法。按照求解问题所需领域特有知识的多寡,问题求解系统可以划分为两大类: 知识贫乏系统和知识丰富系统。搜索技术和推理技术可在两类中分别起到重要作用。

2. 状态空间表示

在人工智能中,搜索问题一般包括两个重要的问题: 搜索什么以及在哪里搜索。前者通常指的是搜索目标,后者通常指的是搜索空间。搜索空间通常是指一系列状态的汇集,因此也称为状态空间。和通常的搜索空间不同,人工智能中大多数问题的状态空间在问题求解之前不是全部知道的。所以,人工智能中的搜索可以分成两个阶段: 状态空间的生成阶段和该状态空间中对所求问题状态的搜索阶段。

状态空间表示法是指用“状态”和“操作”组成的“状态空间”来表示问题求解的一种方法。

(1) 状态(state)

状态是指为了描述问题求解过程中不同时刻下状况(例如初始状况事实等叙述性知识)间的差异而引入的最少的一组变量的有序组合。它常用向量形式表示,

$$\boldsymbol{s}=(s_0,\ s_1,\ s_2,\ \cdots)^{\mathrm{T}}$$

其中, $s_i(i=0,\ 1,\ 2,\ \cdots)$ 叫分量。当给定每个分量的值 $s_{ki}(i=0,\ 1,\ 2,\ \cdots)$ 时,就得到一个具体的状态 $\boldsymbol{s}_k$,

$$\boldsymbol{s}_k=(s_{k0},\ s_{k1},\ s_{k2},\ \cdots)^{\mathrm{T}}$$

状态的维数可以是有限的,也可以是无限的。另外,形状状态还可以表示成多元数组

或其他形状。状态主要用于表示叙述性知识。

(2) 操作(operator)

操作也称为运算符或算符,它引起状态中的某些分量发生形式改变,从而使问题由一个具体状态改变到另一个具体状态。操作可以是一个机械的步骤、过程、规则或算子,指出了状态之间的关系。操作用于反映过程性知识。

(3) 状态空间(state space)

状态空间是指一个由问题的全部可能状态及其相互关系所构成的有限集合。

在状态空间问题求解中,一个解就是某个能够把初始状态变为目标状态的规则序列。状态空间问题求解可以归纳为搜索普通图以找到一个满足目标状态描述的节点问题。在图论中,状态空间问题求解法可以看作一种普通图中搜索路径的方法。这种搜索过程可以由图中的初始节点开始到目标节点为止(图 4-1)。其中,初始节点和目标节点分别表示初始状态和目标状态,而求原状态空间中的解,即求规则序列问题就等价于求图中的一条路径问题。

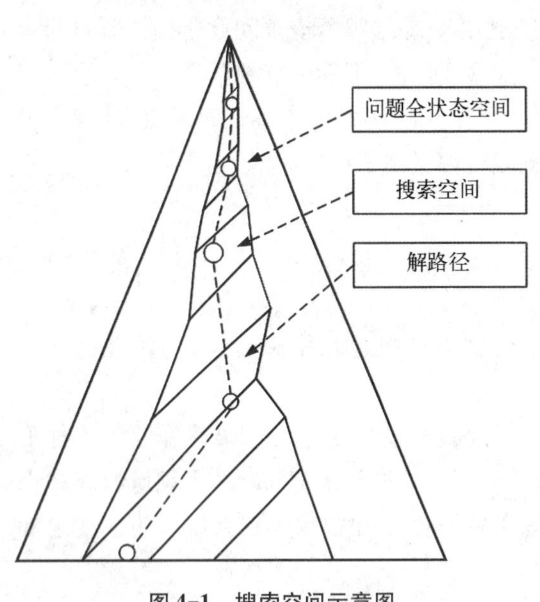

图 4-1　搜索空间示意图

3. 状态空间图

以钱币翻转问题为例,设有 3 枚钱币,其初始状态为(反、正、反),欲得的目标状态为(正、正、正)或(反、反、反)。条件是每次只能且必须翻转一枚钱币,连翻 3 次。问能否达到目标状态?

首先,引入变量表示问题。

要求解这个问题,可以通过引入一个三维变量将问题表示出来。

设三维变量为 $\boldsymbol{Q}=(q_1, q_2, q_3)$。式中,$q_i=0(i=1, 2, 3)$ 表示钱币为正面,$q_i=1(i=1, 2, 3)$ 表示钱币为反面,则 3 枚钱币可能出现的状态有 8 种组合:

$$\boldsymbol{Q}_0=(0, 0, 0), \boldsymbol{Q}_1=(0, 0, 1), \boldsymbol{Q}_2=(0, 1, 0), \boldsymbol{Q}_3=(0, 1, 1),$$
$$\boldsymbol{Q}_4=(1, 0, 0), \boldsymbol{Q}_5=(1, 0, 1), \boldsymbol{Q}_6=(1, 1, 0), \boldsymbol{Q}_7=(1, 1, 1)$$

图 4-2 表示了全部可能的 8 种组合状态及其相互关系,其中每个组合状态可认为是一个节点,节点间的连线表示了两节点的相互关系(例如从 $\boldsymbol{Q}_5$ 节点到 $\boldsymbol{Q}_4$ 节点间的连线表示要将 $q_3=1$ 翻成 $q_3=0$,或反之)。

接下来要寻找路径。现在的问题是如何从初始状态 $\boldsymbol{Q}_5$,在图中经过适当的路径(3 步),找到目标状态 $\boldsymbol{Q}_0$ 或 $\boldsymbol{Q}_7$。从图中可以清楚地看出,从 $\boldsymbol{Q}_5$ 不可能经过 3 步到达 $\boldsymbol{Q}_0$,即不存在从 $\boldsymbol{Q}_5$ 到达 $\boldsymbol{Q}_0$ 的解。但从 $\boldsymbol{Q}_5$ 出发到达 $\boldsymbol{Q}_7$ 的解有 7 个,它们是 aab, aba, baa,

bbb, bcc, cbc 和 ccb。

从这个问题的求解过程可看到,对某个具体问题,可经过抽象变为在某个有向图中寻找目标或路径的问题。

在人工智能科学中,这种描述问题的有向图称为状态空间图,简称状态图,其中状态图中的节点代表问题的一种格局,一般称为问题的一个状态;边表示两节点之间的某种联系,如它可以是某种操作、规则、变换、算子或关系等。在状态图中,从初始节点到目标节点的一条路径,或者所找的目标节点,就是相应问题的一个解。其一般描述如图 4-3 所示。

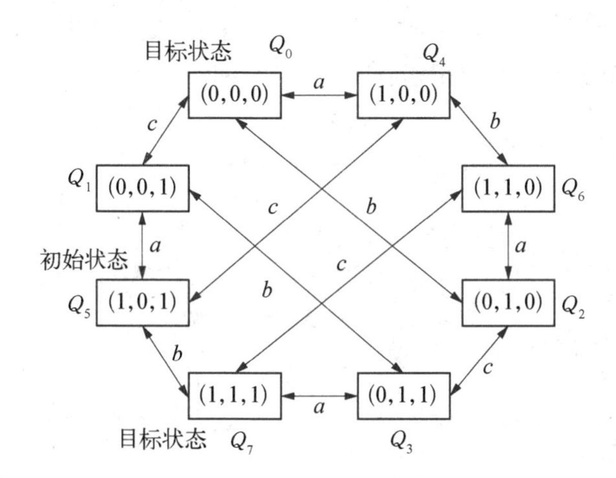

图 4-2 3 枚钱币问题的状态空间图

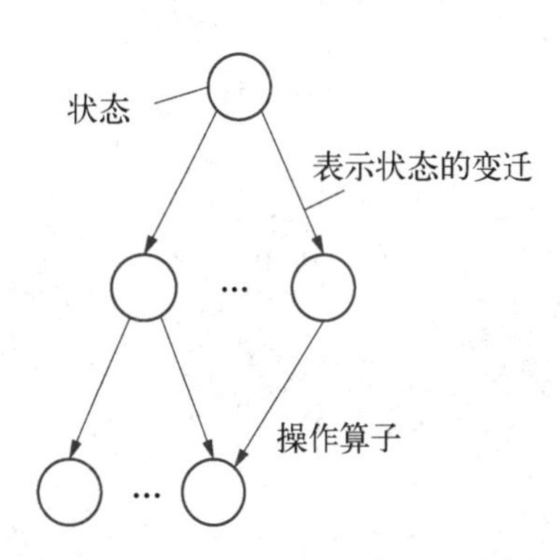

图 4-3 状态空间图的一般描述

现实生活中的很多问题,不论是智力问题(如梵塔问题、旅行商问题、八皇后问题),还是实际问题(如定理证明、演绎推理、机器人行动规划),都可以将其归结为在某一状态图中寻找目标或路径的问题。所以,状态图本质上是一类问题的抽象表示。

4.1.2 基本原理

根据问题求解过程中是否运用启发性知识,搜索可以分为盲目搜索(又称为非启发式搜索)和启发式搜索两种方法。深度优先和广度优先是常用的盲目搜索方法,具有通用性好的特点,但往往效率低下,不适合求解复杂问题。启发式搜索利用问题相关的启发信息,可以减少搜索范围,提高搜索效率。如 A^* 算法可在问题有解的情况下找到问题最优解结束。

在搜索问题中,主要的工作是找到正确的搜索策略。通常,搜索策略的主要任务是确定如何选取规则的方式。一般搜索策略可以通过下面四个准则来评价。

(a) 完备性:如果存在一个解答,该策略是否保证能够找到。

(b) 时间复杂性:需要多长时间可以找到解答。

(c) 空间复杂性:执行搜索需要多少存储空间。

(d) 最优性:如果存在不同的几个解答,该策略是否可以发现最高质量的解答。

1. 盲目搜索

盲目搜索是指在问题的求解过程中,不运用启发性知识,只按照一般的逻辑法则或控制性知识,在预定的控制策略下进行搜索,在搜索过程中获得的中间信息不用来改进控制策略。简单来说,盲目搜索需要全方位搜索,具有确定性和盲目性,容易出现"组合爆炸"问题。

依据搜索的访问顺序,可以分为广度优先搜索和深度优先搜索。

如果首先扩展根节点,接着扩展根节点生成的所有节点,然后是这些节点的后继,如此反复下去,这就是广度优先搜索,即广度搜索以接近起始节点的程度依次扩展节点,如图 4-4 所示。如果在树的最深一层的节点中扩展一个节点,只有当搜索遇到一个死亡节点(非目标节点且无法扩展)的时候,才返回上一层选择其他节点搜索,否则每一层只搜索一个节点,这就是深度优先搜索,即深度优先搜索首先扩展最新产生的节点,如图 4-5 所示。

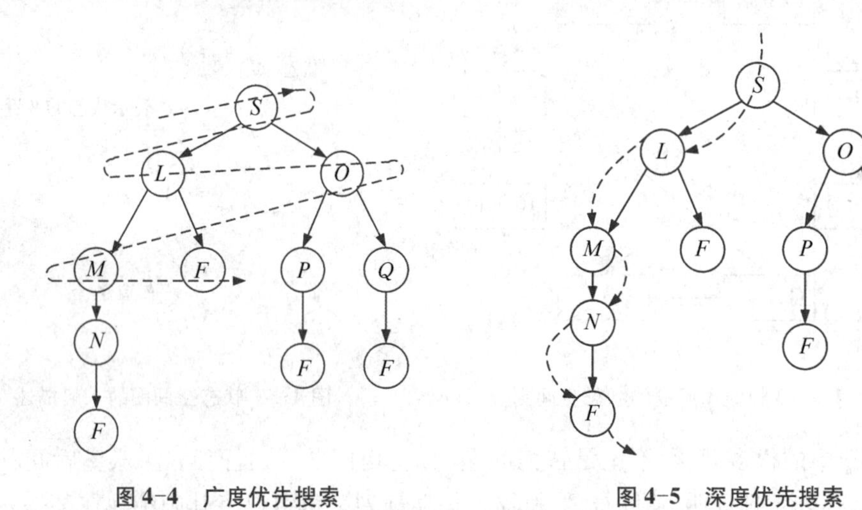

图 4-4　广度优先搜索　　　　图 4-5　深度优先搜索

无论是广度优先搜索还是深度优先搜索,一旦搜索空间给定,节点遍历的顺序就固定了。这类遍历为确定性的。

2. 启发式搜索

启发式搜索是指在问题的求解过程中,为了提高搜索效率,运用与问题有关的启发性知识,即解决问题的策略、技巧、窍门等实践经验和知识,来指导搜索朝着最有希望的方向前进,加速问题求解过程并找到最优解。

典型的启发式搜索有 A 算法和 A^* 算法。

对于启发式搜索,在计算每个节点的参数之前无法确定先选择哪个节点扩展,这种搜索一般也是非确定的。

启发式搜索通常用于两种不同类型的问题:正向推理和反向推理。正向推理一般用于状态空间的搜索。在正向推理中,推理是从预先定义的初始状态出发向目标状态方向执行。反向推理一般用于问题规约中。在反向推理中,推理是从给定的目标状态向初始状态执行。在启发式正向推理中,常涉及 OR 图算法或者最好优先算法,以及根据启发式函数的不同而得到的其他的一些算法,如 A^* 算法等。启发式反向推理算法通常称为 AND - OR 图搜索算法,AO^* 算法就是其中一种算法。

（1）启发信息和评估函数

“启发式”实际上代表了“大拇指准则”(Thumb Rules)：在大多数情况下是成功的，但不能保证一定成功。与被解问题的某些特征有关的控制信息，如解的出现规律、解的结构特征等称为搜索的启发信息。这些信息反映在评估函数中，所以评估函数的作用是估计待扩展各节点在问题求解中的价值，即评估节点的重要性。

评估函数$f(x)$的定义：从初始节点 S_0 出发，约束地经过节点 x 到达目标节点 S_g 的所有路径中最小路径代价的估计值。其一般形式为

$$f(x) = g(x) + h(x) \tag{4-1}$$

式中，$g(x)$表示从初始节点 S_0 到节点 x 的实际代价；$h(x)$为启发式函数，表示从 x 到目标节点 S_g 的最优路径的评估代价，它体现了问题的启发信息，具体形式要根据问题的特性确定。启发式方法把问题状态的描述转换成了对问题解决程度的描述，这一程度用评估函数的值表示。

（2）启发式搜索 A 算法

在一般图的算法中，若待扩展节点(OPEN 表)是依据$f(x) = g(x) + h(x)$ 进行的，则称该过程为 A 算法。启发式 A 算法按$f(x)$排序 OPEN 表中的节点，$f(n)$值最小者排在首位，优先加以扩展，体现了最佳优先(best-first)搜索策略的思想。

下面以八数码游戏为例，观察 A 算法的应用。对于八数码问题，评估函数可表示为

$$f(x) = d(x) + \omega(x) \tag{4-2}$$

式中，$d(x)$是当前被考察和扩展的节点 n 在搜索图中的节点深度，作为对 $g(x)$的量度；启发式函数 $h(x)$则设计为 $\omega(x)$，其值是节点 x 与目标状态节点 S_g 相比较错位的棋牌个数。一般来说某节点的 $\omega(x)$ 越大，即“不在目标位”的数码个数越多，说明它离目标节点越远。

设想当前要解决的八数码问题如图 4-6 所示，初始状态节点的评价函数值$f(x) = 0 + 4 = 4$，则应用 A 算法搜索解答路径十分快捷，除了个别走步判断失误外(节点 a 的选用和扩展)，其他的走步选择全部正确。图 4-7 给出了搜索图，并以字母标识每个节点，字母后初始布局目标布局的括号中给出评价函数 f 的值，最终的 g 即目标节点。

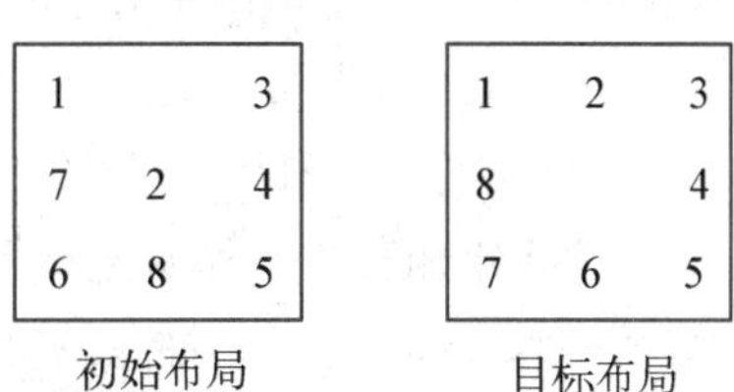

图 4-6　要解决的八数码问题

在 A 算法中，并没有对启发式函数做出任何规定，所以 A 算法得到的结果如何不好评定。如果启发式函数 $h(n)$满足如下条件：

$$h(n) \leqslant h^*(n) \tag{4-3}$$

则可以证明当问题有解时，A 算法一定可以得到一个耗散值最小的结果，即最佳解。满足该条件的 A 算法称为 A^* 算法。

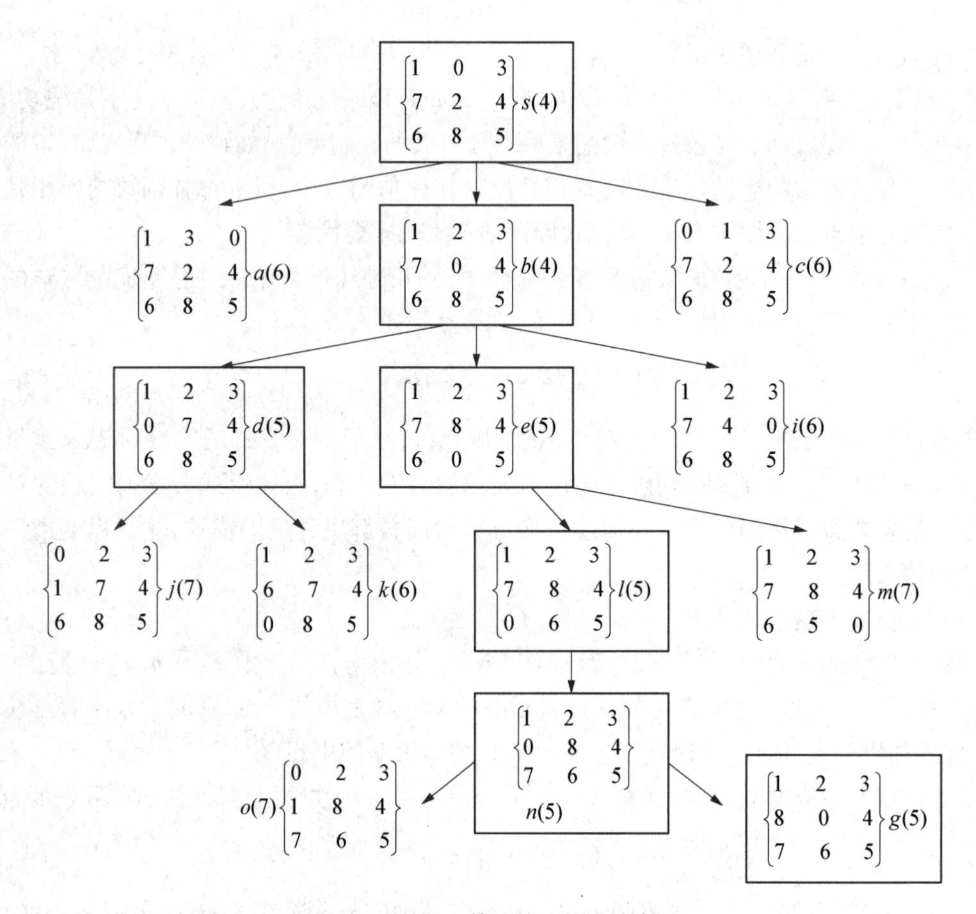

图 4-7　应用 A 算法的八数码搜索图

3. 粒子群算法

粒子群算法(Particle Swarm Optimization, PSO)是一种探索自然界生物如何以群体的形式生存,并在计算机里构建出这种模型的算法。算法简单实用,已在很多实际应用中采纳。

(1) 粒子群算法的概念

粒子群算法又称微粒群优化,是由肯尼迪(J. Kennedy)和埃伯哈特(R. C. Eberhart)等人于 1995 年开发的一种演化计算技术,主要来源于对一个简化社会模型的模拟。这里的"粒子"(particle)是一个抽象的实体,即本身没有质量、没有体积,但具有位置和速度状态。

作为一种基于群体智能理论的优化算法,粒子群算法主要通过粒子的合作与竞争产生的群体智能指导优化搜索。与传统优化算法比较,其保留了基于种群的全局搜索策略,采用的"速度-移位"模型操作简单。由于引入了"自学习"和"向他人学习"的概念,可以较快地寻找到最优解。

(2) 粒子群算法的进化方程

设粒子群在一个 n 维空间中搜索,由 N 个粒子组成种群 $X = \{X_1, X_1, \cdots, X_n\}$,其中每个粒子所在的位置 $X_i = \{X_{i1}, X_{i2}, \cdots, X_{in}\}$ 都表示问题的一个解。每一个粒子都有一个速度,记作 $V_i = \{V_{i1}, V_{i2}, \cdots, V_{in}\}$。粒子需要根据速度不断地调整自己的位置 X_{id} 来搜

索新的解。每一个粒子都能记住自己搜索到的最优解,记作 P_{id}。整个粒子群经历过的最好的位置,即目前搜索到的最优解,记作 P_{gd}。每个粒子根据式(4-4)和式(4-5)来更新自己的速度和位置,每部分所起的作用可自行查阅文献分析。

$$v_{id}(t+1)=wv_{id}(t)+\eta_1\text{rand}()(p_{id}-x_{id}(t))+\eta_2\text{rand}()(p_{gd}-x_{id}(t)) \tag{4-4}$$

$$x_{id}(t+1)=x_{id}(t)+v_{id}(t+1) \tag{4-5}$$

式(4-4)中,$v_{id}(t+1)$ 表示第 i 个粒子在 $t+1$ 次迭代中第 d 维上的速度,w 为惯性权重,η_1, η_2 为加速常数,rand()为0~1的随机数。

为使粒子速度不至于过大,可设置速度上下限(这里仅举出一例),当 $v_{id}(t+1)>v_{\max}$ 时,$v_{id}(t+1)=v_{\max}$;当 $v_{id}(t+1)<-v_{\max}$ 时,$v_{id}(t+1)=-v_{\max}$。

(3) 标准粒子群算法流程

一个标准粒子群算法流程如图4-8所示,包括初始化、适应度值计算、位置更新和调整、全局和局部最优解的保存等。需要指出,这里的结束条件可以是足够好的位置或最大迭代次数等。

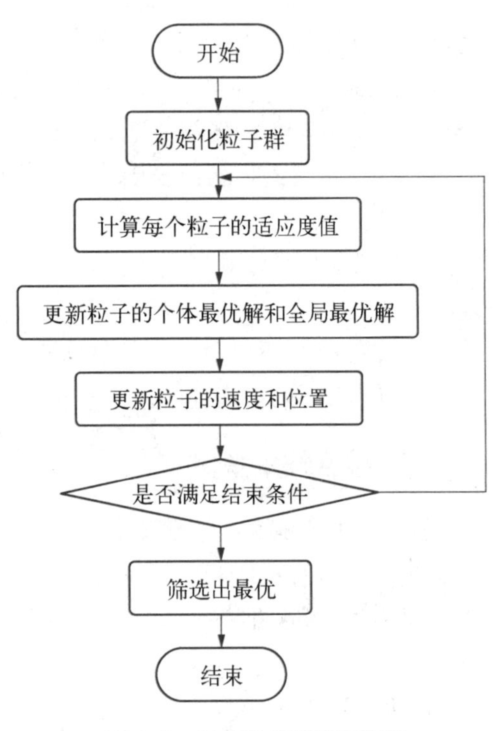

图4-8 标准粒子群算法流程

(4) 粒子群算法的研究现状

粒子群算法作为一种群体智能优化算法,已经成为国际进化计算领域研究的热点。研究主要从算法理论和算法应用两方面展开。在理论研究方面,很多学者将粒子群算法与其他理论结合,包括一些传统优化算法或者其他领域的一些概念(如耗散)引入,得到了较好效果。在应用方面,其具有参数少、收敛速度快、实现方便等优势,现在已经广泛应用于函数优化、神经网络训练、模糊系统控制等领域,在工业、管理、医学等领域均有较好应用。

4. 搜索与推荐的区别

作为用户解决信息过载的有效手段,搜索与推荐都能够帮助用户快速准确地定位到想要的信息。互联网上这两种方式大量并存,它们之间到底有怎样的区别呢?总结起来,主要有以下几点:

① 按照用户意图进行区分。搜索引擎是一种用户意图明确的信息检索方式,用户能够提供查询关键词,指引搜索引擎查询相关内容。这个过程是由用户主动发起的。推荐系统主要用在用户意图不够明确时,比如电商推荐用户喜欢商品列表(主要依据购买、浏览记录等),音乐播放器给出用户推荐列表(根据用户喜好和历史行为等)。对于用户难

以用文字表达的需求,推荐系统可以满足。

② 个性化区别。搜索引擎的结果相对固定,个性化程度较低。相对而言,推荐系统的个性化程度较高,因为推荐并没有一个标准的答案。推荐系统可以根据每位用户的历史观看行为、评分记录等生成一个当下对用户最有价值的结果,这也是推荐系统受到青睐的原因。

③ 评价标准不同。搜索引擎的排序算法需要尽量把最好的结果放到前面,让用户获取信息的效率更高,停留时间更短。推荐系统则希望用户被所推荐的内容吸引,停留更长的时间,有更多的持续性动作,这要基于对用户兴趣的挖掘。

需要指出的是,在搜索和推荐领域存在马太效应和长尾效应。如何对其合理利用,是进一步提高效率和资源利用率的关键。

随着推荐算法的普及应用,针对有些企业利用推荐算法从事违法活动或者传播违法信息的现象,国家互联网信息办公室、工业和信息化部、公安部、国家市场监督管理总局联合发布《互联网信息服务算法推荐管理规定》(以下简称《规定》),自 2022 年 3 月 1 日起施行。按照《规定》,应用算法推荐技术,是指利用生成合成类、个性化推送类、排序精选类、检索过滤类、调度决策类等算法技术向用户提供信息。

《规定》明确了对于算法推荐服务提供者的用户权益保护要求,包括用户算法知情权、算法选择权等,并针对未成年人、老年人、劳动者、消费者等主体提供服务的算法推荐服务提供者做出具体规范。如不得利用算法推荐服务诱导未成年人沉迷网络,应当便于老年人安全使用算法推荐服务,应当建立完善平台订单分配、报酬构成及支付、工作时间、奖惩等相关算法,不得根据消费者的偏好、交易习惯等特征利用算法在交易价格等交易条件上实施不合理的差别待遇等。

4.1.3 搜索技术举例

这里以基于电商的搜索开发为例,对搜索技术作进一步的阐述。

自然语言处理在搜索系统中的应用主要包括搜索意图识别、查询理解、网页内容理解、搜索排序、相关推荐等。排序是一个比较大的专题,这里先看看自然语言处理在搜索系统中的应用。

查询理解任务是最经典的关于自然语言处理在搜索场景中的应用,是搜索场景中的灵魂。其主要通过对海量的查询日志、点击反馈日志进行数据挖掘。查询理解任务主要包括中文分词、新词发现、词性标注、句法分析、同义词挖掘、拼写纠错、查询扩展、查询改写等。

当然,查询理解也有一些技术上的挑战。比如,针对长尾关键词查询,如果用基于规则的方式处理,工作量大;如果用机器学习的方式处理,没有足够的样本支持。另外,从技术实现角度看,真正做到语义上的召回也是非常有挑战性的。

图 4-9 是基于电商的搜索逻辑设计示意图。从图中可以看出,搜索逻辑可以在查询扩展的基础上进行各种演变。这样做的目的是丰富查询条件,并且加强对查询的语义理解。

下面再举一个“猜你喜欢”逻辑设计示意图,如图 4-10 所示。如何让搜索引擎能够“猜”到用户的兴趣点是该功能逻辑设计的主要目的。当然让搜索引擎具有“猜”的功能

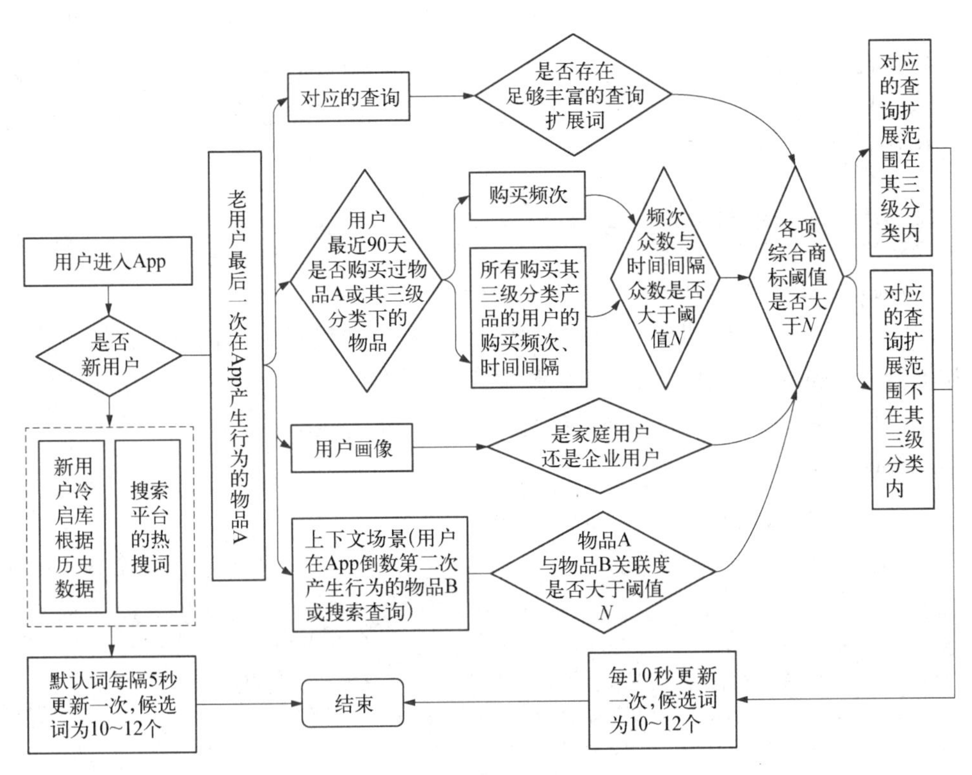

图 4-9　基于电商的搜索逻辑设计示意图

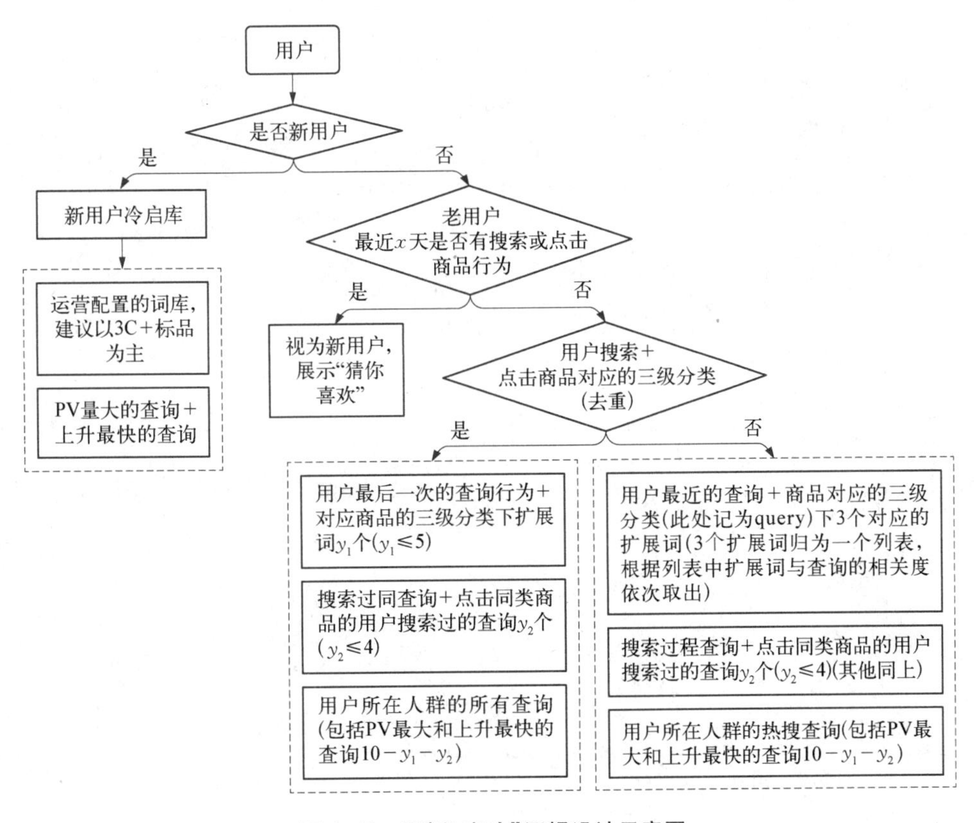

图 4-10　“猜你喜欢”逻辑设计示意图

在技术层面也是比较有挑战性的。首先要分析用户的查询内容和查询行为。可以通过查询条件对用户的查询内容进行分析。用户查询行为一般需要经过大数据的统计分析,挖掘用户深层次的需求。

4.1.4 搜索技术实战

本节通过粒子群优化算法对搜索技术流程进行实战。

PSO 初始化为一群随机粒子(随机解),然后通过迭代找到最优解。在每一次迭代中,粒子通过跟随两个“极值”来更新自己。第一个就是粒子本身所找到的最优解 pbest。另一个极值是整个种群目前找到的最优解,即全局极值 gbest。

1. PSO 参数设置

```
import random
import numpy as np
import matplotlib.pyplot as plt
class Particle:
#定义粒子类,属性包括位置、速度、粒子的历史最优位置、粒子的适应度值等
    def __init__(self,x_max,max_vel,dim):
        self.x = np.random.rand(dim)* x_max
        self.v = np.random.rand(dim)* max_vel
        self.best = self.x
        self.fitness_value = 1000000000000

    def get_best_pos(self):
        return self.best

    def set_best_pos(self,i, pos):
        self.best[i] = pos

    def set_pos(self, i, pos):
        self.x[i] = pos

    def get_pos(self):
        return self.x

    def set_vel(self,ind,v_new):
        self.v[ind] = v_new

    def get_vel(self):
        return self.v

    def get_fitness_value(self):
        return self.fitness_value

    def set_fitness_value(self,fitness_value):
        self.fitness_value = fitness_value
```

```
class PSO:    #PSO 类,用于控制 PSO 的优化过程
    def __init__(self, dim,size, iter_num, x_max, max_vel, best_fitness_
value=float('Inf'), C1 = 2, C2 = 2,W = 1):
        self.C1 = C1
        self.C2 = C2
        self.W = W
        self.dim = dim    #粒子的维度
        self.size = size    #例子个数
        self.iter_num = iter_num    #迭代次数
        self.x_max = x_max
        self.max_vel = max_vel    #粒子最大速度
        self.best_fitness_value = best_fitness_value
        self.best_position = [0.0 for i in range(dim)]    #种群最优位置
        self.fitness_val_list = []    #每次迭代最优适应值
```

2. 初始化种群

```
#对种群进行初始化
self.Particle_list = [Particle(self.x_max, self.max_vel, self.dim) for
i in range(self.size)]
```

3. 更新粒子速度

```
#更新速度
    def update_vel(self,part):
        for i in range(self.dim):
            vel_value = self.W * part.get_vel()[i] + self.C1 * random.
            random() *
(part.get_best_pos()[i] - part.get_pos()[i]) +self.C2* random.random()
* (self.get_bestPosition()[i] - part.get_pos()[i])
            if vel_value > self.max_vel:
                vel_value = self.max_vel
            elif vel_value < -self.max_vel:
                vel_value = - self.max_vel
            part.set_vel(i, vel_value)
```

4. 更新粒子位置

```
#更新位置
    def update_pos(self, part):
        for i in range(self.dim):
            pos_value = part.get_pos()[i] + part.get_vel()[i]
            part.set_pos(i, pos_value)
```

```
        value = fit_fun(part.get_pos())
        if value <part.get_fitness_value():
            part.set_fitness_value(value)
            for i in range(self.dim):
                part.set_best_pos(i, part.get_pos()[i])
        if value < self.get_bestFitnessValue():
            self.set_bestFitnessValue(value)
            for i in range(self.dim):
                self.set_bestPosition(i, part.get_pos()[i])

    def  update(self):
        for i in range(self.iter_num):
            for part in self.Particle_list:
                self.update_vel(part)    #更新速度
                self.update_pos(part)    #更新位置
            self.fitness_val_list.append(self.get_bestFitnessValue())
        return self.fitness_val_list, self.get_bestPosition()

    def set_bestFitnessValue(self,value):
        self.best_fitness_value = value

    def get_bestFitnessValue(self):
        return self.best_fitness_value

    def set_bestPosition(self, i, p):
        self.best_position[i] = p

    def get_bestPosition(self):
        return self.best_position
```

5. 定义适应度函数

```
#定义适应度函数
def fit_fun(x):
      A = 10
      return 2 * A + x[0] * * 2 - A * np.cos(2* np.pi * x[0]) + x[1] * * 2 -
      A * np.cos(2 * np.pi * x[1])

#定义粒子群优化器,求解适应度函数的最小值
dim = 2
size = 20
iter_num = 1000
x_max = 10
max_vel = 0.5

pso = PSO(dim, size, iter_num, x_max, max_vel)
```

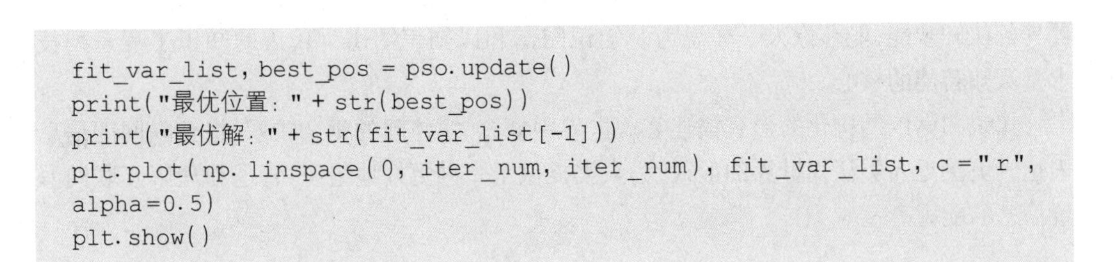

```
fit_var_list, best_pos = pso.update()
print("最优位置: " + str(best_pos))
print("最优解: " + str(fit_var_list[-1]))
plt.plot(np.linspace(0, iter_num, iter_num), fit_var_list, c="r",
alpha=0.5)
plt.show()
```

6. 输出结果

输出结果如图 4-11 所示。

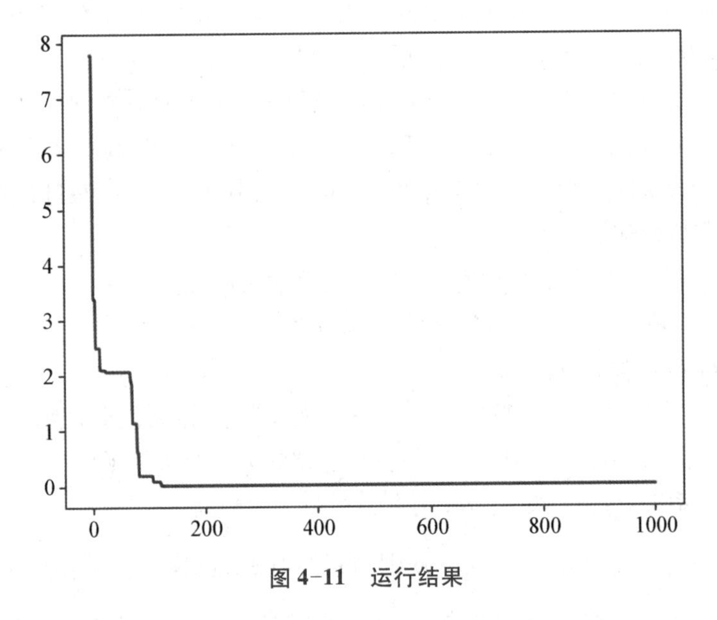

图 4-11　运行结果

最优位置：[-0.002 483 839 155 406 175 6, -0.003 895 566 529 819 427 5]

最优解：0.004 234 484 128 764 038

4.2　知识图谱

从一开始的 Google 搜索，到现在的聊天机器人、大数据风控、证券投资、智能医疗、自适应教育、推荐系统，无一不与知识图谱相关。在 4.1 节提到的现代搜索和推荐系统中，知识图谱可以弥补因语义和实体之间的认知不同而形成的语义鸿沟。现在，知识图谱已被广泛应用于智能搜索、智能问答、个性化推荐、情报分析、反欺诈等领域。

人工智能分为计算智能、感知智能和认知智能三个层次。简单来讲，计算智能即具有快速计算、记忆和储存能力；感知智能即具有视觉、听觉、触觉等感知能力；认知智能具有理解、解释的能力。认知智能是人类独有的能力。人工智能的研究目标之一，就是希望机

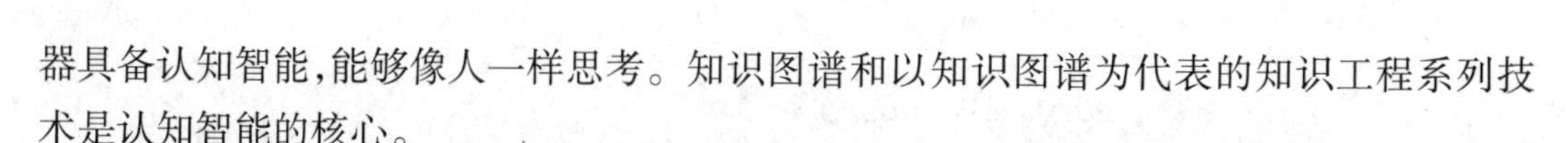

器具备认知智能，能够像人一样思考。知识图谱和以知识图谱为代表的知识工程系列技术是认知智能的核心。

知识图谱以结构化的形式描述客观世界中概念、实体间的复杂关系，将互联网的信息表达成更接近人类认知世界的形式，为人类提供了一种更好地组织、管理和理解互联网海量信息的能力。

4.2.1 基本概念

1. 知识

知识是智能的基础。知识是人们在长期的生活和社会实践中，在科学研究及实验中积累起来的对客观世界的认识与经验。还有一种定义，知识是通过对信息的提炼和推理而获得的正确结论，是对自然世界、人类社会以及思维方式与运动规律的认识和掌握。知识是人类的认识成果，来自社会实践。其初级形态是经验知识，高级形态是系统科学理论。按其获得方式可区分为直接知识和间接知识。按其内容可分为自然科学知识、社会科学知识和思维科学知识。

一般来说，信息指外部的客观事实。把有关信息关联在一起所形成的信息结构称为知识。信息之间存在多种关联形式，其中用得最多的一种是“如果……，则……”表示的关联形式。这种知识即是“规则”。

比如，在北方人们经过认真观察，将“大雁向南飞”与“冬天就要来临了”这两个信息关联在一起，得到了如下知识：如果大雁向南飞，则冬天就要来临了。

在人工智能系统中，常把知识定义为：

知识=事实+规则+过程知识+元知识

事实：有关问题、环境的一些事物的认识，常以“……是……”的形式出现，如雪是白色的。

规则：有关问题中与事物的行动、动作相联系的因果关系的知识，是动态的，常以“如果……，那么……”的形式出现。

过程知识：有关问题的求解步骤、技巧性知识，告诉人们怎么做一件事。

元知识：又称深层次知识，有关知识的知识，包括怎样使用、解释、校验规则等。

知识具有相对正确性、不确定性、可表示和可利用性。知识表示（knowledge representation）是将人类知识形式化或者模型化，目的是能够让计算机存储和运用人类知识。

2. 知识图谱

目前，学术界还没有给知识图谱一个统一的定义。Google发布的文档中指出，知识图谱是一种用模型来描述知识和建模世界万物之间关联关系的技术方法。

知识图谱是Google用于增强其搜索引擎功能的知识库。本质上，知识图谱旨在描述真实世界中存在的各种实体或概念及其关系，构成一张巨大的语义网络图，节点表示实体或概念，边由属性或关系构成。

知识图谱的组成三要素包括实体、关系和属性。

实体：也叫本体（Ontology），指客观存在并可相互区别的事物，是知识图谱中最基本的元素。实体可以是具体的人、事、物，也可以是抽象的概念或联系。

关系：在知识图谱中，边表示不同实体间的某种联系，如图 4-12 中柏拉图和苏格拉底之间的关系。

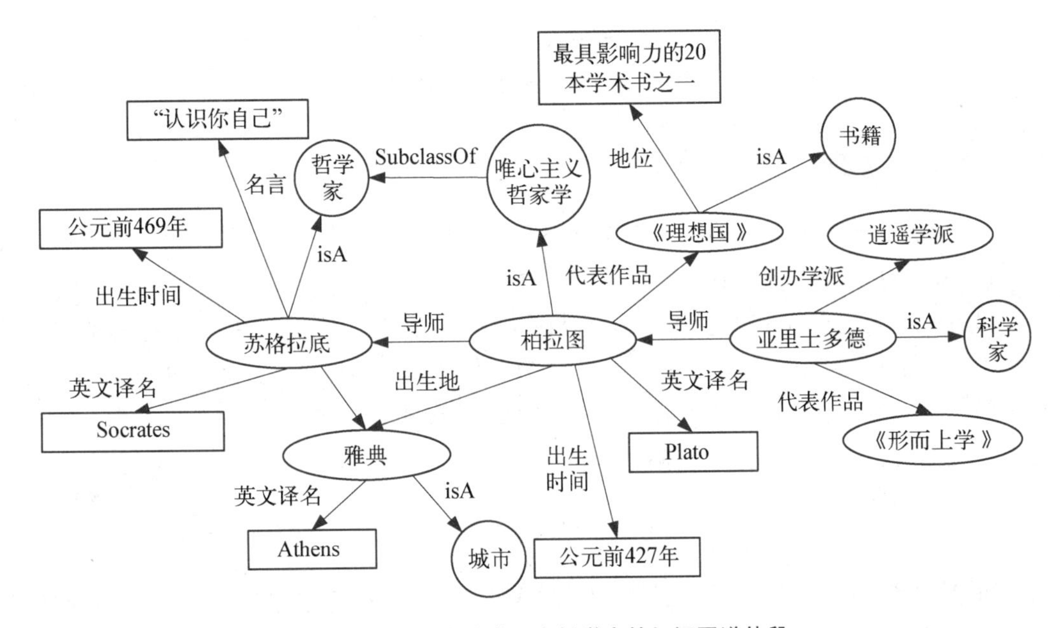

图 4-12　关于古希腊三大哲学家的知识图谱片段

属性：知识图谱中的实体和关系都可以有各自的属性，如图 4-13 所示。

如图 4-12 所示即为一个知识图谱的片段，其中，柏拉图是一个实体，他是一个哲学家（概念），他的导师是苏格拉底。

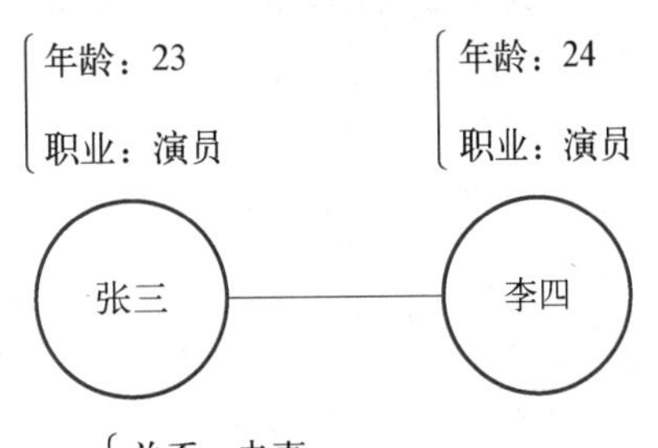

图 4-13　知识图谱的属性

3. 广义概念

"知识工程"是由 Edward Feigenbaum 在 1977 年第 5 届国际人工智能会议上首次提出的，是指以开发专家系统（Expert System，Knowledge-based System）为主要内容，以让机器使用专家知识和推理能力解决实际问题为主要目标的人工智能子领域。

知识图谱的诞生宣告了知识工程进入大数据时代。知识图谱是大数据知识工程的代表性进展。2017 年我国学科目录做了调整，首次出现了知识图谱学科方向，教育部对于知识图谱这一学科的定位是"大规模知识工程"。需要指出的是，知识图谱技术的发展是一个循序渐进的过程，其学科内涵也在不断发生变化。知识图谱的学科地位如图 4-14 所示。

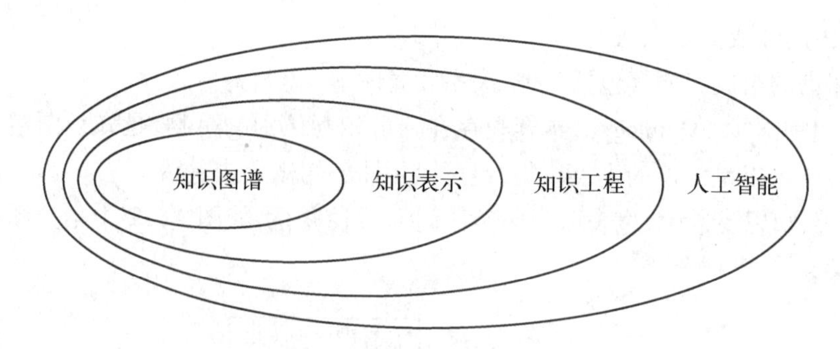

图 4-14　知识图谱的学科地位

4.2.2　基本原理

知识图谱的架构包括自身的逻辑结构以及构建知识图谱所采用的技术(体系)架构。

1. 知识图谱的逻辑结构

知识图谱在逻辑上可分为模式层与数据层两个层次。数据层主要是由一系列的事实组成,而知识将以事实为单位进行存储。如果用(实体 1—关系—实体 2)、(实体—属性—属性值)这样的三元组来表达事实,可选择图数据库作为存储介质,模式层构建在数据层之上,是知识图谱的核心,通常采用本体库来管理知识图谱的模式层。

2. 知识图谱的体系架构

知识图谱的体系架构是指其构建的模式结构,如图 4-15 所示。其中,虚线框内的部分为知识图谱的构建过程,也包含知识图谱的更新过程。知识图谱主要有自顶向下与自底向上两种构建方式。

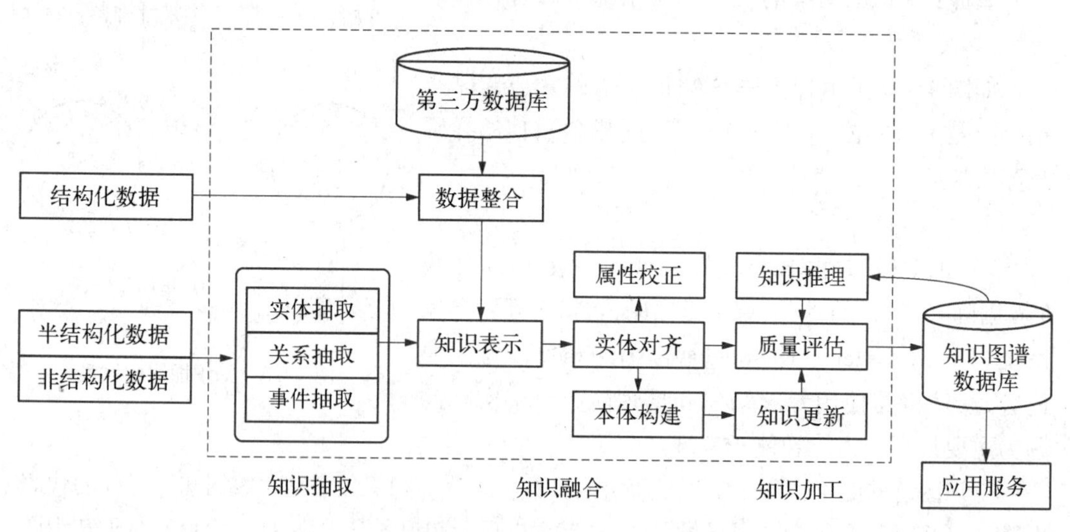

图 4-15　知识图谱的体系架构

知识图谱的构建是一个迭代更新的过程,根据知识获取的逻辑,每一轮分为三个阶

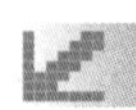

段，包括知识抽取、知识融合和知识加工阶段。

（1）知识抽取阶段

知识抽取阶段的主要目标是从海量的数据中通过学习抽取的方式获取知识，面对多源异构的数据，针对不同的数据结构采取不同的抽取方法。

目前以实体关系三元组来表示知识，因此，知识抽取包括如下基本任务：实体抽取、关系抽取和事件抽取等。目前主流的方法是基于机器学习的方法。实体抽取的任务是从文本中识别实体信息。关系抽取是确定两个实体之间的语义关系。事件抽取是从事件信息中抽取出用户感兴趣的事件信息并以结构化的形式呈现出来。

关系抽取是构建知识图谱最重要的子任务之一。关系抽取得到的关系实例可以用于对搜索和推荐的查询语义进行更深入的分析，对查询结果进行扩展。这里有两种方式：第一种是基于模式或规则的方式，比如“X 出生于 Y”，“出生”就是 X 与 Y 之间的具体关系；第二种是基于学习的抽取（图 4-16）。

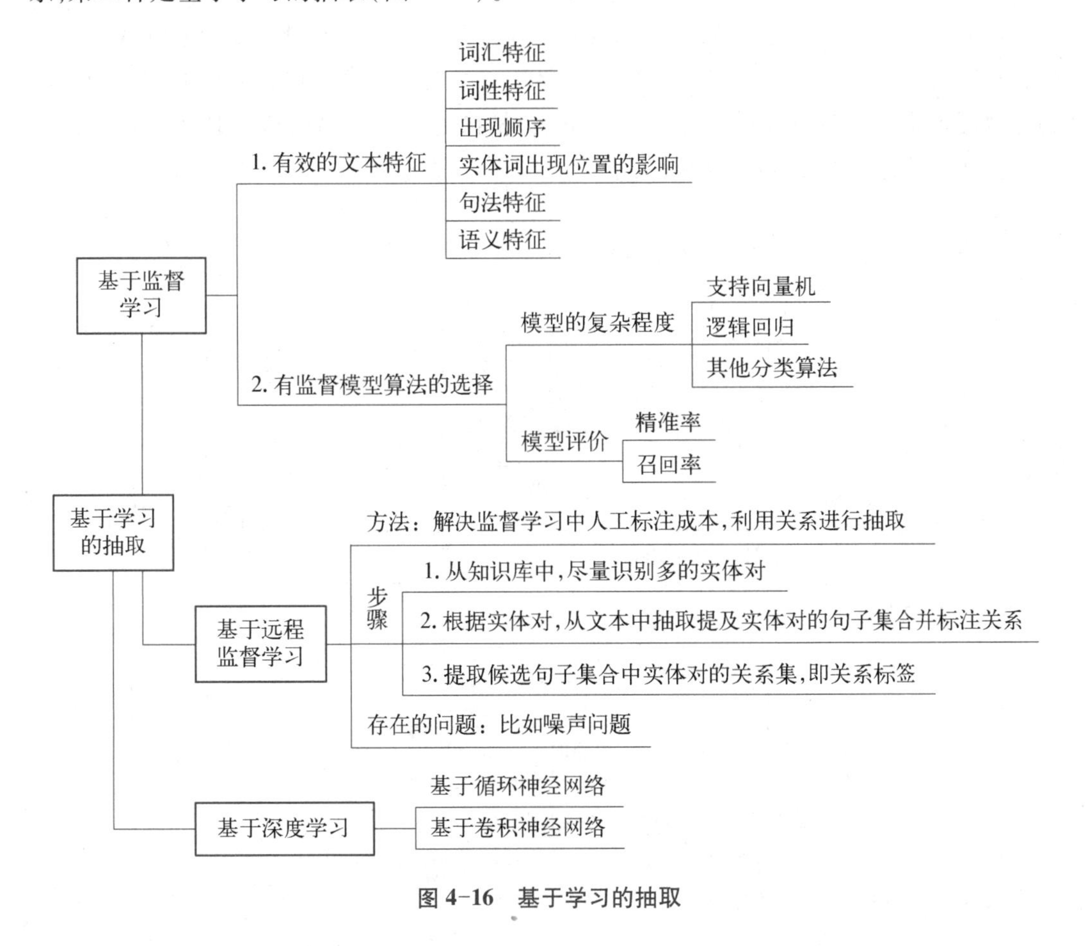

图 4-16　基于学习的抽取

（2）知识融合阶段

知识融合是对多源异构的知识进行融合，对已有知识图谱进行补充、更新和去重。知识融合包括知识体系的融合和实例的融合两部分。按照融合元素对象的不同，可以分为框架匹配和实体对齐，通过这两种方式把不同的知识图谱关联在一起，在融合过程中冲突的检测和消解是主要步骤。

(3) 知识加工阶段

知识加工主要进行知识推理，把残缺的信息和关系自动补充完整并进行质量评估，最终构成完整的知识图谱并应用于知识问答、语义搜索等方面。目前，知识推理方法主要有基于符号验算的推理、基于数值计算的推理和以上两者融合的推理。知识推理按照推理过程分为逻辑推理和非逻辑推理。逻辑推理分为演绎推理（Deduction）、归纳推理（Induction）、设证推理（Abduction）。演绎推理是一种自上而下的推理，从一般到特殊的过程。最经典的是三段论。

知识图谱的原始数据类型分为3类：结构化数据、半结构化数据和非结构化数据。

结构化数据来自各个企业内部数据库中的私有数据，也可以是网页中的表格数据。这类数据可靠度高，但规模较小、不易获得。半结构化数据指那些不能通过固定模板直接获得的结构化数据。这类数据较为松散，结构多变。非结构化数据主要指图片、音频、视频、文本等。常见的非结构化数据主要是文本类的文章。这类数据的知识抽取能为知识图谱提供大量较高质量的三元组事实，是构建知识图谱的核心技术。目前知识大量存在于非结构化的文本数据、大量半结构化的表格和网页以及生产系统的结构化数据中。

知识图谱具有生命周期，如图4-17所示。

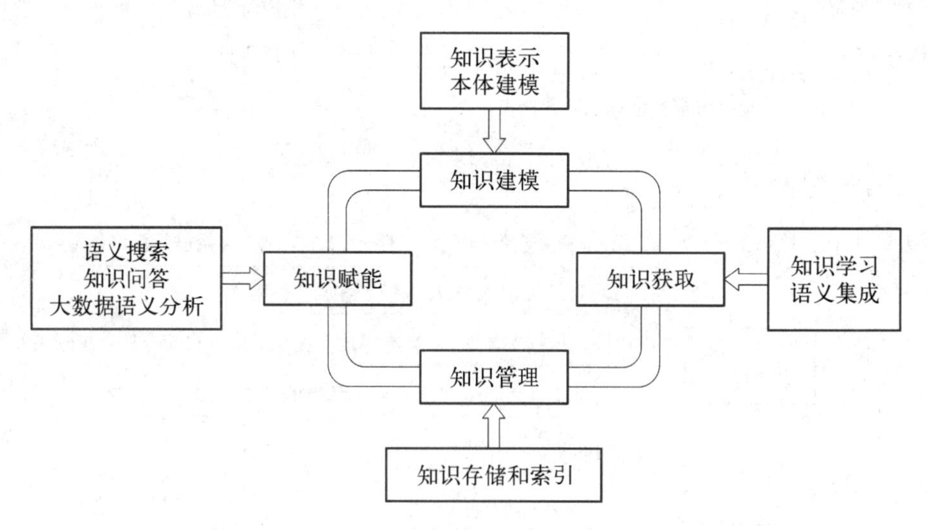

图4-17 知识图谱的生命周期

4.2.3 知识图谱举例

这里以问答系统为例，对知识图谱相关原理过程作进一步的阐述。

1. 搜索引擎和问答系统

搜索引擎是现阶段最重要的互联网入口，也缔造了Google、百度等巨头企业。随着人

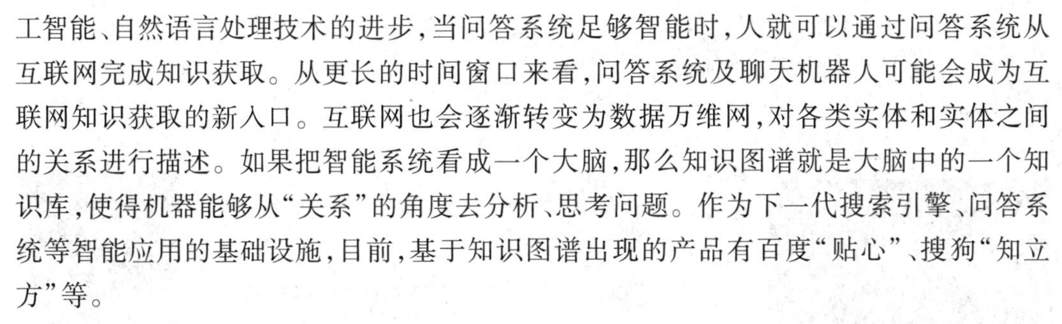

工智能、自然语言处理技术的进步，当问答系统足够智能时，人就可以通过问答系统从互联网完成知识获取。从更长的时间窗口来看，问答系统及聊天机器人可能会成为互联网知识获取的新入口。互联网也会逐渐转变为数据万维网，对各类实体和实体之间的关系进行描述。如果把智能系统看成一个大脑，那么知识图谱就是大脑中的一个知识库，使得机器能够从"关系"的角度去分析、思考问题。作为下一代搜索引擎、问答系统等智能应用的基础设施，目前，基于知识图谱出现的产品有百度"贴心"、搜狗"知立方"等。

2. 知识问答

知识问答基于海量数据，对用户需求进行深层次、知识化理解，并结合知识查询、推理、计算等多种技术，精准满足用户需求，为用户提供多领域、精细化的知识问答服务。问答系统的实现涉及自然语言处理、信息检索、数据挖掘等交叉性领域。

（1）精准问答

基于结构化数据的精准问答可直接满足用户知识检索的需求。目前常见的是提供娱乐、人物、教育、影视、综艺、动漫、小说等数据。

（2）推理运算

基于对知识图谱丰富的实体属性和边的关系特征的计算、推理，获得检索答案。目前有日期历法、年龄差、身高差、时区差等分类。

（3）通用问答

基于深度学习的全领域通用事实性问答，通过 Query 解析、自由文本知识抽取和文本的深度理解技术，满足用户复杂的问答需求。

3. 知识图谱在问答系统上的数据优势

近年来，基于知识图谱的问答系统成为学术界和工业界研究和应用的热点方向。相较于纯文本，知识图谱在问答系统中具有很多优势。

（1）数据关联——语义理解智能化程度高

语义理解程度是问答系统的核心指示。对于纯文本数据，语义理解往往建立在与文本句子相似度计算的基础上，然而语义理解和知识的本质在于关联，这种一对一的相似度计算忽略了数据关联。在知识图谱中，所有知识被具有语义信息的边所关联。这种关联信息为智能化的语义理解提供了条件。

（2）数据精度——回答准确率高

知识图谱的知识来自专业人士的标注或专业数据库的格式化抓取，这保证了数据的高准确率。在纯文本中，同类知识容易在文本中被多次提及，会导致数据不一致的现象，降低了准确率。

（3）数据结构化——检索效率高

知识图谱的结构化组织形式为计算机的快速知识检索提供了格式支持。计算机可以用结构化语言如 SQL、SPARQL 等进行精确知识定位。纯文本的知识定位则包含了倒排表等数据结构，需要用到多个关键词的倒排表的综合排名，效率较低。

4. 问答产品示例

图 4-18 给出了智能问答在 Apple Siri、Google Assistant 和 Microsoft Xiaoice 中的三个具体实例。

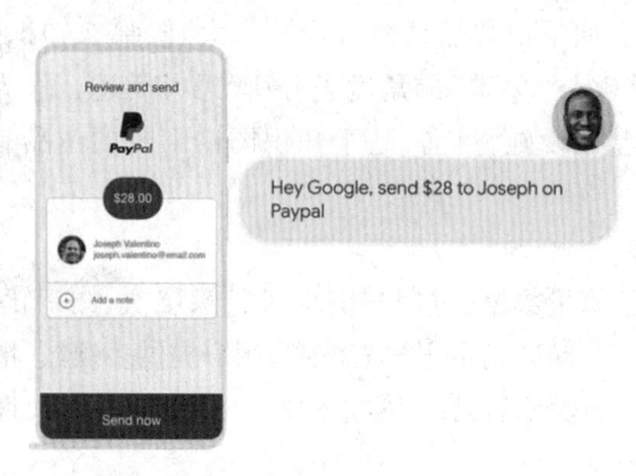

图 4-18　问答产品示例

读者可以通过如下三步快速搭建一个针对单关系问题的知识图谱问答系统。

（1）下载知识图谱文件

英文问答任务可以下载 Google 提供的 FreeBase 知识图谱，中文问答任务可以下载 NLPCC 提供的中文知识图谱。

（2）下载问答数据集

英文问答任务可以下载 SimpleQuestions 数据集，中文问答任务可以下载 NLPCC - KBQA 数据集。上述两个数据集都是针对单关系问题进行标注的，每个问题都能够对应知识图谱中的某个知识三元组所回答。

（3）实现问答方法

单关系问题的语义表示仅由一个实体和一个谓词关系组成。针对单关系问题的知识图谱问答系统可以分为实体链接和关系分类两步完成。实体链接模块可以基于知识图谱提供的实体名称列表，通过字符串匹配的方式从问题中检测全部可能的问题实体候选。然后，针对每个问题实体候选，关系分类模块从知识图谱中找到和该问题实体候选直接相连的谓词，并计算该谓词和输入问题之间的语义相似度。语义相似度模型可以基于标注数据中包含的“<问题，谓词>”对进行训练，常用的相似度建模工具包有 DSSM。最后，基于实体链接和关系分类的结果，选择最可能的实体和谓词组成一个三元组查询，用于从知识图谱中查找出最终的答案。

上述步骤只是知识图谱问答系统最基本的实现，读者可以通过了解和尝试最新的知识图谱问答数据集和模型来处理更复杂的自然语言问题。

5. 扩展内容

（1）业界代表性知识图谱

目前业界代表性知识图谱如表 4-1 所示。

表 4-1　业界代表性知识图谱

知识图谱	组　织	特　点	应　用
FreeBase	MetaWeb	实体、语义类、属性、关系，自动+人工，部分数据从维基百科等数据源抽取，另一部分数据来自人工协同编辑	Google Search Engine Google Now
Knowledge Vault	Google	实体、语义类、属性、关系超大规模数据库，源自维基百科、FreeBase、《世界各国纪实年鉴》	Google Search Engine Google Now
DBPedia	莱比锡大学、柏林自由大学、OpenLink Software	实体、语义类、属性、关系，从维基百科抽取	DBPedia
维基数据	维基媒体基金会	实体、语义类、属性、关系，与维基百科紧密结合	WikiPedia
Facebook Social Graph	Facebook	Facebook 社交网络数据	Social Graph Search
百度知识图谱	百度	搜索结构化数据	百度搜索
搜狗知立方	搜狗	搜索结构化数据	搜狗搜索
ImageNet	斯坦福大学	搜索引擎 亚马逊 AMT	计算机视觉相关应用

(2) 工具

① Gephi。复杂网络领域常用的画图软件。可导入 CSV 格式的三元组，将知识图谱可视化。

② Protege。把 RDF 或 OWL 文件导入，也能可视化。和 Gephi 不同的是，这个软件面向语义网更多一些，所以不能承担太大的数据量。

③ rdf2rdf。一个可将知识图谱描述文件转化为三元组的程序，把 rdf，owl，xml 等格式的知识图谱转化为 N-triples 格式。

④ CN-DBpedia。由复旦大学知识工场实验室研发并维护的大规模通用领域结构化百科。主要从中文百科类网站（如百度百科、互动百科、中文维基百科等）的纯文本页面中提取信息，经过滤、融合、推断等操作后，最终形成高质量的结构化数据，供机器和人使用。

(3) 知识图谱应用方向

① 搜索推荐。搜索推荐使获取信息路径更短，助力发现未知知识。

② 智能客服。在这种全新的人机交互形式下，对信息要求有更高的整合度、覆盖度和语义化，知识图谱扮演者“大脑”的角色。

③ 可视化。可视化展示用可视化技术描述知识资源及其载体，挖掘、分析、构建、绘

制和显示知识及它们之间的相互联系。知识图谱提供了数据的全局视图和更语义化的表达,给从业者带来了大数据驱动的决策能力。

(4) 知识图谱当前应用场景

全球的互联网公司都在积极布局知识图谱。早在2010年微软就开始构建知识图谱,包括Satori和Probase。2012年,Google正式发布了Google Knowledge Graph,2020年规模已经达到700亿左右。目前微软和Google拥有全世界最大的通用知识图谱,Facebook拥有全世界最大的社交知识图谱,而阿里巴巴和亚马逊则分别构建了商品知识图谱。

随着架构和应用的不断完善与深入,知识图谱助力了很多热门的人工智能应用场景,如语音助手、聊天机器人、智能问答等,覆盖了泛互联网、金融、政务、医疗等领域。

① 金融。基于知识图谱深度感知、广泛互联孤立数据、高度智能共享分析等优势,客户可扩展现有数字资源的广度和深度,支撑智能应用,建立知识图谱,补全因果链条,解决和打破信息茧房,为智慧金融建设提供了一种可行的方案。

② 医疗。基于强大的语义处理与开放互联能力,知识图谱在医学领域能够建立较系统完善的知识库并提供高效检索;面对知识管理、语义检索、商业分析、决策支持等方面需求,医学知识图谱能推进海量数据的智能处理,催生上层智能医学的应用。

③ 公共安全与政务。知识图谱在公共安全及政务领域的应用在于处理源源不断的海量数据。引入知识图谱技术将很好地打破行业的数据孤岛难题,同时在将数据进行连接之后,挖掘出数据背后更多有价值的信息。

④ 能源与工业。工业知识图谱是基于工业产品研发、生产、运行、保障、营销和企业管理等运行规律建立的关系网络,用于更好地组织、管理和理解工业体系的内部联系,是知识图谱的重点发展方向之一。

⑤ 消费商业。随着消费升级,人们对产品的需求消费越发个性化,服务商需要精准满足用户的个性化消费体验。在电商行业,知识图谱广泛地应用于搜索、前端导购、平台治理、智能问答、品牌商运营等核心、创新业务。知识图谱通过建立联系赋能搜索推荐实现个性化推荐,满足用户需求。

4.2.4 知识图谱实战

这里以《红楼梦》为例,构建其知识图谱。

1. Neo4j和图形数据库简介

Neo4j是基于Java语言编写的图形数据库。Neo4j图形数据库的主要构建块如下:

节点:图表的基本单位,它包含具有键值对的属性。

关系:连接两个节点,具有方向(单向和双向)。每个关系包含“开始节点”或“从节点”和“到节点”或“结束节点”。关系也可以包含属性作为键值对。

属性:用于描述图节点和关系的键值对。Key =值,其中,Key是一个字符串,值可以使用任何Neo4j数据类型来表示。

标签:将节点分组为集合。将一个公共名称与一组节点或关系相关联。节点或关系

可以包含一个或多个标签。可以为现有节点或关系创建新标签,也可以从现有节点或关系中删除现有标签。

数据浏览器:用于执行 CQL 命令并查看输入输出。

2. Neo4j 安装

这里介绍 Neo4j 在 Win10 上的安装。

(1) 安装 Java JDK

Neo4j 是用 Java 语言编写的图形数据库,运行时需要启动 JVM 进程,因此,需要安装 JAVA SE 的 JDK。

选择和电脑操作系统对应的版本,安装好后 cmd 输入 java-version 检查是否安装好。

安装好 JDK 之后就要开始配置环境变量了。配置环境变量的步骤如下:

右键单击此电脑—点击属性—点击高级系统设置—点击环境变量。

在下方的系统变量区域,新建环境变量,命名为 JAVA_HOME,变量值设置为刚才 JAVA 的安装路径。

编辑系统变量区的 Path,点击新建,然后输入 %JAVA_HOME%\bin。

打开命令提示符 CMD(WIN+R,输入 cmd),输入 java-version,若提示 Java 的版本信息,则证明环境变量配置成功。

(2) 安装 Neo4j

安装好 JDK 之后,就可以安装 Neo4j 了。

下载好之后,直接解压到合适的路径就可以了,无需安装。

接下来要配置环境变量了,与刚才 JAVA 环境变量的配置方法极为相似,这里只进行简单描述。

在系统变量区域,新建环境变量,命名为 NEO4J_HOME,变量值设置为刚才 Neo4j 的安装路径。

编辑系统变量区的 Path,点击新建,然后输入 %NEO4J_HOME%\bin,最后,点击确定进行保存就可以了。

3. 启动 Neo4j

以管理员身份运行 cmd。

然后,在命令行处输入 neo4j. bat console。

默认的用户名和密码均为 neo4j。

数据集可以下载。

接下来在 PyCharm 中运行下面这段代码:

```
import csv
import py2neo
from py2neo import Graph,Node,Relationship,NodeMatcher
```

```
#账号密码改为自己的即可
g=Graph('http://localhost: 7474',user='neo4j',password='12345')
with open('C: /Users/cy942/Desktop/红楼梦/triples.csv','r',encoding=
'utf-8') as f:
    reader=csv.reader(f)
    for item in reader:
        if reader.line_num==1:
            continue
        print("当前行数: ",reader.line_num,"当前内容: ",item)
        start_node=Node("Person",name=item[0])
        end_node=Node("Person",name=item[1])
        relation=Relationship(start_node,item[3],end_node)
        g.merge(start_node,"Person","name")
        g.merge(end_node,"Person","name")
        g.merge(relation,"Person","name")
```

打开网页,在 Database Information 中会显示《红楼梦》人物关系图谱(图 4-19)。

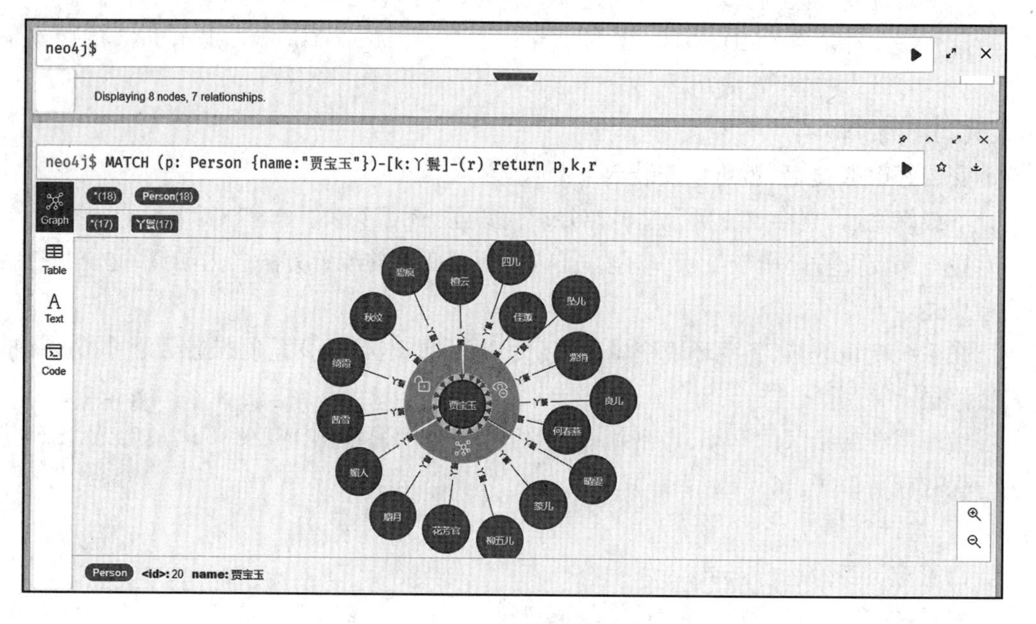

图 4-19 《红楼梦》知识图谱

第5章 语言智能

在2022年北京冬奥会上，不同国家和地区的选手、教练、游客进行着无障碍的交流，这里除了翻译志愿者的努力外，还离不开一家科技公司的技术支持，它就是有"中国声谷"美誉的科大讯飞。为了提供跨语言交流、多语种信息发布的保障，科大讯飞围绕"人和人之间沟通无障碍，人和组织之间沟通无障碍，人和赛事之间沟通无障碍"三大方向展开服务。

依托其强大的智能语音平台，科大讯飞具备了场景定制化的智能语音识别、语音合成和机器翻译的能力，实现了多达168个语种的机器翻译，并支持3个语种的交互理解。这些"黑科技"的背后，是科大讯飞多年来语音识别技术的研发积累。

1999年科大讯飞在中国科学技术大学成立，那时他们最重要的技术就是让计算机发出合成语音。3年后，他们开始尝试让计算机听懂声音，目前这项技术已经运用到普通话等级考试当中。20余年来公司不断发展，其核心的语音技术也从萌芽期走向了应用的成熟期。2018年，科大讯飞语音机器识别的准确率(98%)已经远远超过了人类的平均水平(95%)，现如今，他们的语音识别系统已经能够在嘈杂的环境中听懂中文、外语甚至方言。

5.1 自然语言处理

正如机械解放人类的双手一样，自然语言处理的目的在于用计算机代替人工来处理大规模的自然语言信息。它是人工智能、计算机科学、信息工程的交叉领域，涉及统计学、语言学等知识。作为人类思维的证明，自然语言处理是人工智能的最高境界。比尔·盖茨曾誉其为"人工智能皇冠上的明珠"。

我们也应看到，自然语言处理成为制约人工智能取得更大突破和更广泛应用的瓶颈。图灵奖得主杨立昆(Yann LeCun)指出，"深度学习的下一个前沿课题是自然语言理解"。图灵奖得主、深度学习之父杰弗里·辛顿(Geoffrey Hinton)指出，"深度学习的下一个大的进展应该是让神经网络真正理解文档的内容"。

5.1.1 基本概念

1. 自然语言

自然语言与人工语言相对。这里的人工语言指程序设计语言等。作为人类重要特征的、在历史上和交际中自然形成的语言,自然语言是人类最重要的交际工具和思维工具,同人类群体和社会的发展有密切的联系。通过分析人类的语言,可以在一定程度上了解人类认知的规律。

自然语言是人类区别于其他动物的根本标志,没有语言,人类的思维也就无从谈起,所以自然语言处理体现了人工智能的最高任务与境界。也就是说,当计算机具备了处理自然语言的能力时,才算实现了真正的智能。

2. 自然语言处理

自然语言处理就是对自然语言进行数字化处理的一种技术,更好地实现人机交互。换一种说法,自然语言处理是计算机以一种聪明而有用的方式分析、理解人类语言和从人类语言中获得意义。利用自然语言处理,开发者可以组织和构建知识来执行自动摘要、翻译、命名实体识别、关系提取、情感分析等任务。

自然语言处理机制涉及两个流程——自然语言理解和自然语言生成。自然语言理解指计算机能够理解自然语言文本的意义;自然语言生成是指能以自然语言文本来表达给定的意图。

3. 自然语言处理主要的困难

自然语言处理的困难可以罗列出来很多,关键在于消除歧义,如词法分析、句法分析、语义分析等过程中存在的歧义,简称消歧。

正确的消歧包括语言学知识和专业背景知识。这导致了自然语言处理的两个困难。首先,自然语言中充满了大量歧义,从词法、句法到语义三个层次;其次,消除歧义所需要的知识在获取、表达以及运用上存在困难。自然语言理解的困难示例如下:

三个大学的老师(如何理解?)

小明要求他爸爸给他弟弟买一件他喜欢的衣服,他同意了。(4个“他”各指谁?)

下雨天留客天留人不留。

从上面两个方面的主要困难,我们看到自然语言处理这个难题的根源就是人类语言的复杂性和语言描述的外部世界的复杂性。自然语言处理的特点如图5-1所示。

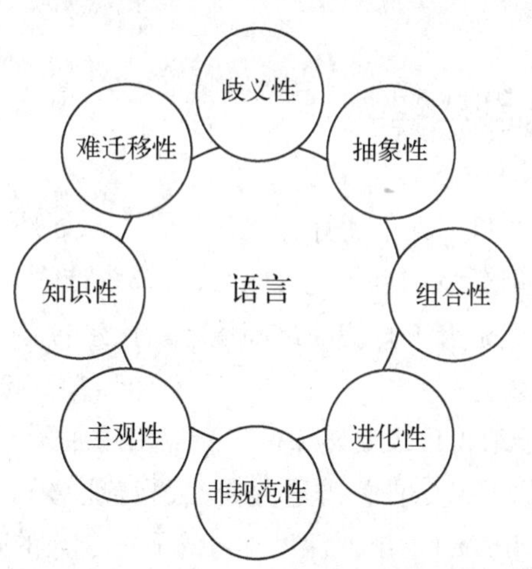

图5-1 自然语言处理的特点

4. 自然语言处理的研究任务与发展脉络

自然语言处理系统通常采用级联的方式,即

分词、词性标注、句法分析、语义分析分别训练模型。在使用过程中,给定输入句子,逐一使用各个模块进行分析,最终得到结果。另一方面,自然语言处理在应用上会依赖一些基础技术,如文本聚类、情感分析等。自然语言处理的任务如图 5-2 所示。自然语言处理发展的历史脉络如图 5-3 所示。

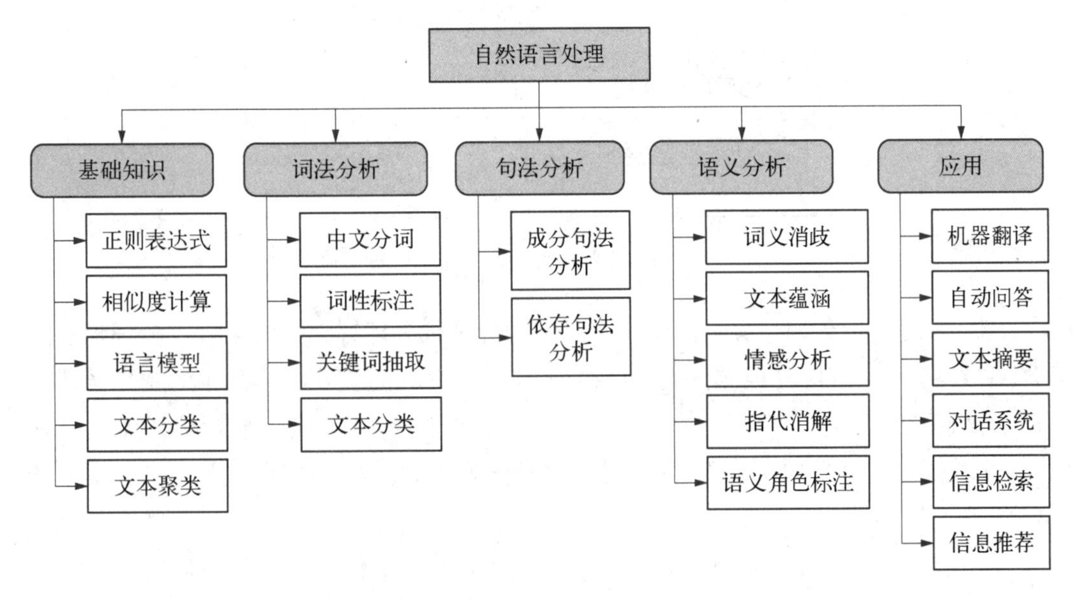

图 5-2　自然语言处理的任务

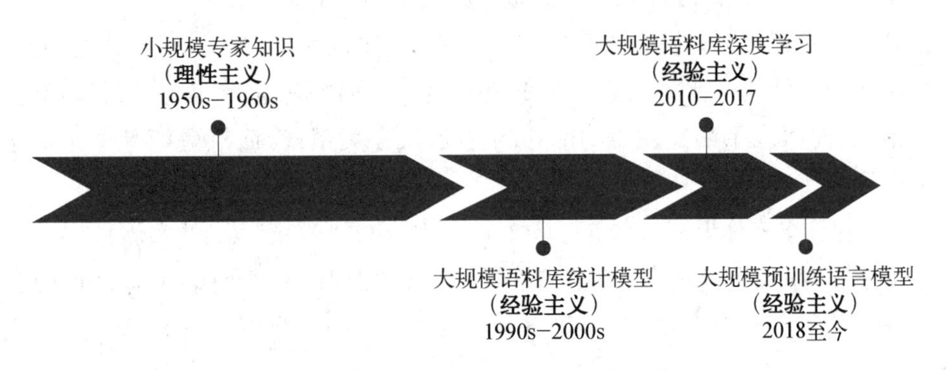

图 5-3　自然语言处理发展的历史脉络

5.1.2　基本原理

使用自然语言处理技术完成工作的时候,经常会用到以下基本任务:分词、词性标注、依存句法分析、命名实体识别。

为了更好地理解自然语言处理的基本任务,下面以“我爱自然语言处理”为例(图 5-4),对自然语言处理的基本任务进行讲解。

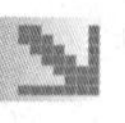

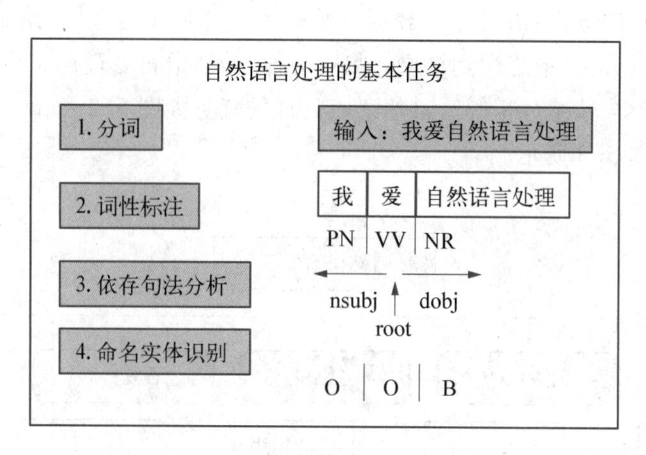

图 5-4　自然语言处理的基本任务

第一步是进行分词。分词的作用就是帮助计算机去理解文本的含义。分词模块负责将输入汉字序列切分成单词序列，在该例子中对应的输出是“我/爱/自然语言处理”。该模块是自然语言处理中最底层和最基础的任务，其输出直接影响后续的自然语言处理模块。简单的英文分词其实是比较方便的，中文分词还要依据一些模型和方法。

第二步是词性标注。它负责为每个单词标注词性，如名词、动词、形容词等。比如 PN 表示第一个单词“我”，对应的词性是代词；VV 表示第二个单词“爱”，对应的词性是动词；NR 表示第三个单词“自然语言处理”，对应的词性是专有名词。

第三步是依存句法分析。预测单词和单词之间的依存关系，利用树状结构来表示整个句子的句法结构。比如这里提到的 root 表示单词“爱”是整个句子对应依存句法树的根节点，前面表示的是主语，用 nsubj 表示依存关系；后面对应的是一个宾语，用 dobj 来表示。

第四步是命名实体识别。它负责从文本中识别出具有特定意义的实体，如人名、地名等。这里采用的是最简单的 OB 模式来进行命名实体识别。字母 O 表示前两个单词“我”和“爱”并不代表任何命名实体；字母 B 表示第三个单词“自然语言处理”是一个命名实体。

这是自然语言处理的 4 个最基本的任务。

在掌握基本任务后，接下来对常用技术作一介绍。

（1）分类任务

分类任务包括的技术主要为文本分类、文本主题和情感分析。文本分类是计算机将载有信息的一篇文档映射到预先给定的某一类别或某几个类别的过程。文本主题即提取能体现文本内容主题的一些关键词，给出一段文本。情感分析判断文本要表达的情感。

(2) 判断句子关系

用于判断句子关系最典型的技术是问答系统(Question Answering System, QAS)。智能问答系统可以排除大量的用户问题,比如商品的质量投诉、商品的基本信息查询之类的问题。

(3) 生成任务

生成任务主要包括机器翻译和文本摘要。机器翻译主要是将文本翻译成另一种语言。机器翻译主要包括基于规则的翻译、基于统计的翻译和基于神经网络的翻译。第一种效果不太好;第二种根据概率进行输出;第三种主要从输入输出关系上进行端到端的输出结果。文本摘要主要是利用计算机实现文本翻译和归纳功能等。

5.1.3　自然语言处理举例

这里主要以基于自然语言的人机交互系统——对话系统为例,对其运行过程做进一步的了解。

对话系统是指以完成特定任务为主要目的的人机交互系统。主要从单任务向多任务发展。典型代表包括智能个人助手和智能音箱等。大多数对话系统由三个模块构成——对话理解、对话管理和回复生成(图 5-5)。

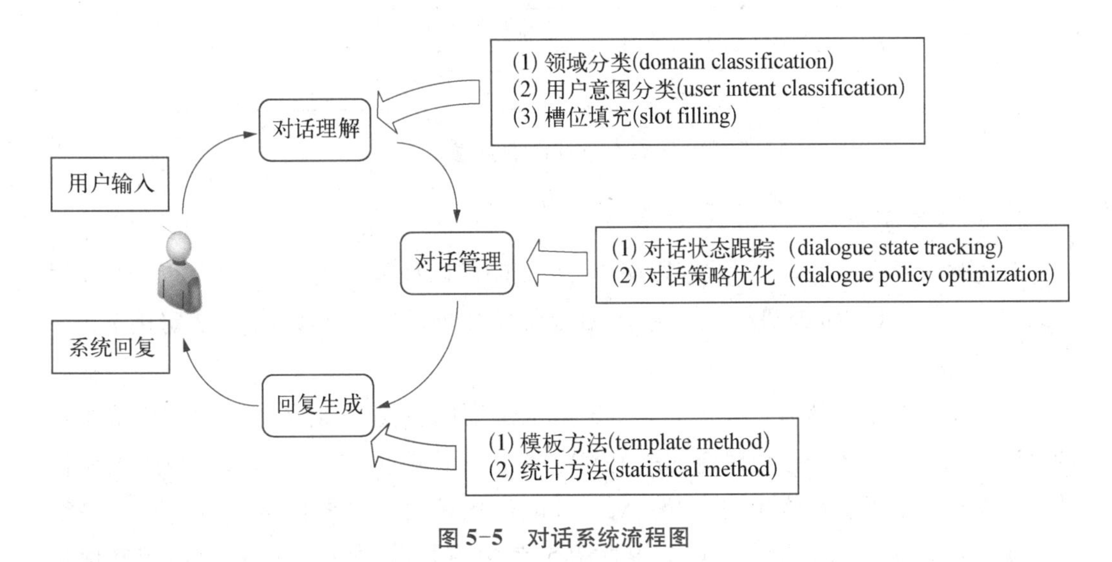

图 5-5　对话系统流程图

1. 对话理解

对话理解模块负责对用户输入的对话内容进行语义分析,包括领域分类、用户意图分类和槽位填充等。

领域分类:根据用户对话内容确定任务所属的领域。例如,常见的任务领域包括餐饮、航空和天气等。

用户意图分类:根据领域分类的结果进一步确定用户的具体意图,不同的用户意图对应不同的具体任务。例如,餐饮领域中常见的用户意图包括餐厅推荐、餐厅预订和餐厅比较等。

槽位填充:针对某个具体任务,从用户对话中抽取出完成该任务所需的槽位信息。例如,餐厅预订任务所需的槽位包括就餐时间、就餐地点、餐厅名称和就餐人数等。

关于对话理解的一个实例如图 5-6 所示。

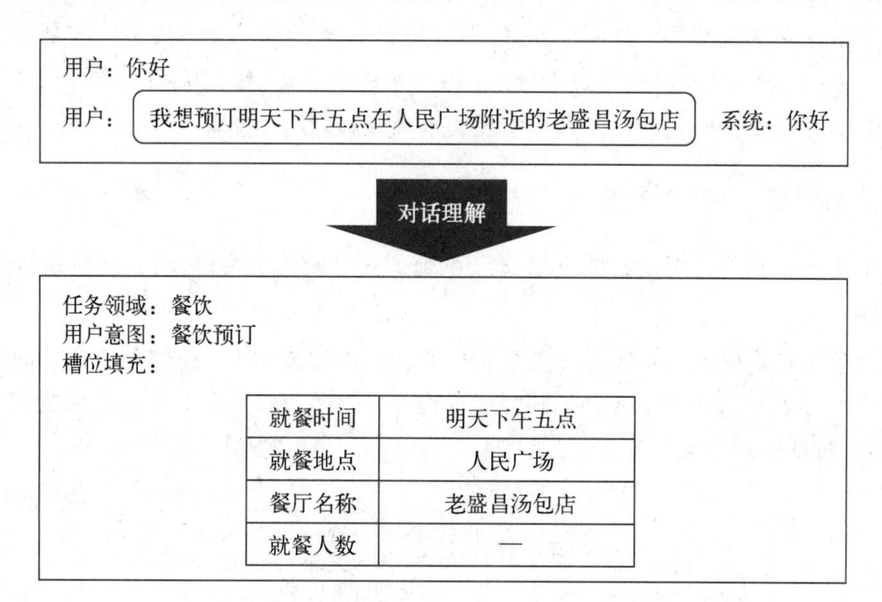

图 5-6　对话理解示意

2. 对话管理

对话管理模块主要由对话状态跟踪和对话策略优化两部分组成。前者负责在每轮对话结束时对整个对话状态进行动态更新,后者负责根据更新后的对话状态决定接下来系统将采取的行动。

图 5-7 给出了对话管理模块的一个输入输出实例。其中,对话状态跟踪模块维护的对话状态负责为每个槽位对应的槽值确定一个概率分布,从而缓解前期发生的槽位填充错误在后期无法被修正的状况。对话策略优化模块负责根据整个对话状态决定接下来系统需要采取的指令,例如,根据图 5-7 中更新后的对话状态,对话策略优化模块认为应该在接下来的对话中询问就餐人数,对应的行动代码是"询问就餐人数"。

典型的对话管理方法可以分为基于有限状态机的方法、基于部分可观测马尔可夫过程的方法和基于深度学习的方法三类。

3. 回复生成

回复生成模块负责根据对话管理模块输出的系统行动指令,生成对应的自然语言回

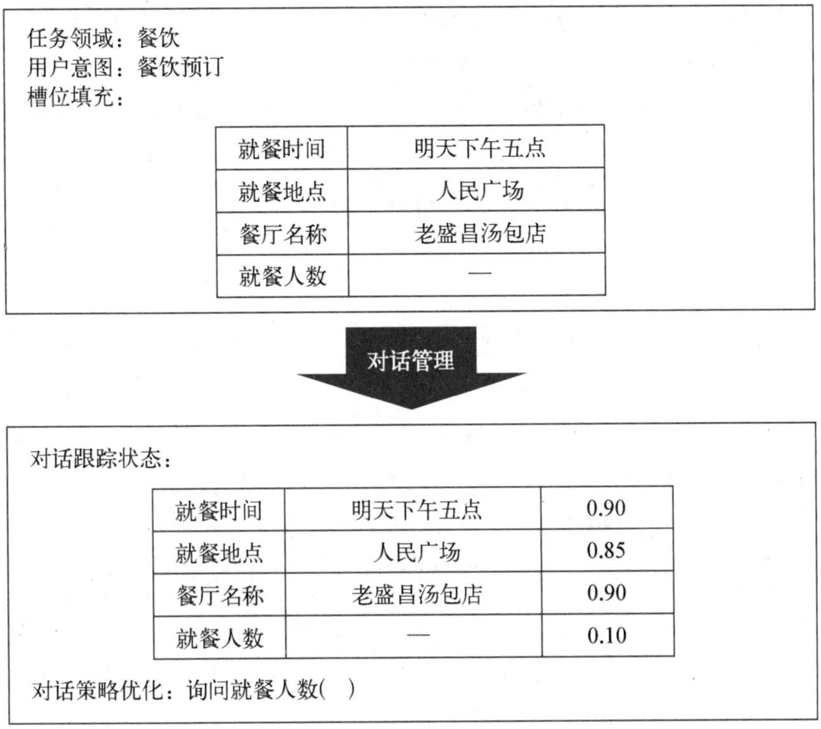

任务领域：餐饮
用户意图：餐饮预订
槽位填充：

就餐时间	明天下午五点
就餐地点	人民广场
餐厅名称	老盛昌汤包店
就餐人数	—

对话管理

对话跟踪状态：

就餐时间	明天下午五点	0.90
就餐地点	人民广场	0.85
餐厅名称	老盛昌汤包店	0.90
就餐人数	—	0.10

对话策略优化：询问就餐人数(　)

图 5-7　对话管理示例

复并返回给用户。图 5-8 给出了回复生成模块的一个输入输出实例。其中，根据对话管理模块的输出指令“询问就餐人数”，对话系统生成的语言回复为“请问有多少人前来就餐呢”。

对话跟踪状态：

就餐时间	明天下午五点	0.90
就餐地点	人民广场	0.85
餐厅名称	老盛昌汤包店	0.90
就餐人数	—	0.10

对话策略优化：询问就餐人数(　)

回复生成

用户：你好
用户：我想预订明天下午五点在人民广场附近的老盛昌汤包店　　系统：你好
系统：请问有多少人前来就餐呢？

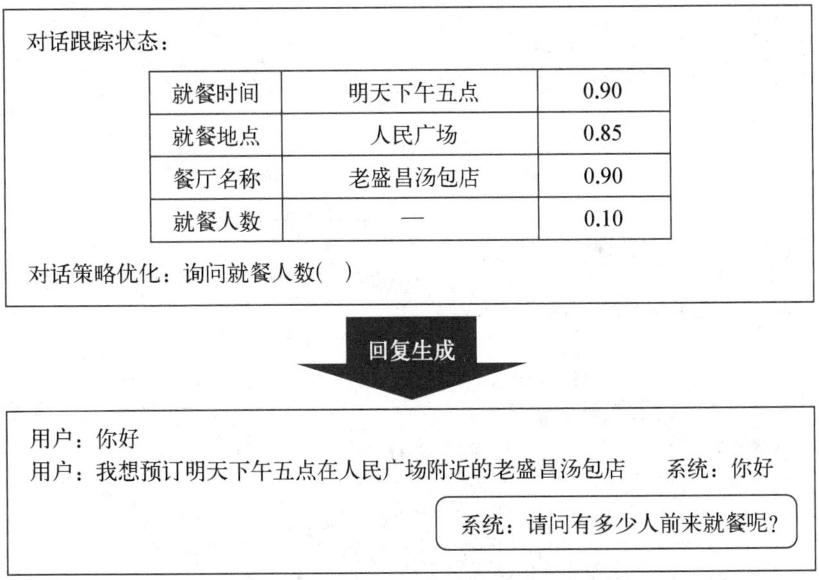

图 5-8　回复生成示例

典型的回复生成方法包括模板方法和统计方法两类。

模板方法使用规则模板完成从系统行动指令到自然语言回复的转化，规则模板通常由人工总结获得。该类方法能够生成高质量回复，但模板扩展性和矩阵多样性明显不足。

统计方法使用统计模型完成从系统行动指令到自然语言回复的转化。

5.1.4 自然语言处理实战

在我们的日常生活和工作中，从文本中提取时间是一项非常基础却重要的工作。本节将介绍如何从文本中有效地提取时间。

举个简单的例子，我们需要从下面的文本中提取时间：

6月28日，杭州市统计局权威公布《2019年5月月报》，杭州市医保参保人数达到1 006万，相比于2月份的989万，三个月暴涨16万人参保，傲视新一线城市。

我们可以从文本中提取6月28日、2019年5月、2月份这三个有效时间。

通常情况下，较好的解决思路是通过一定数量的标记文本和合适的模型，利用深度学习模型来识别文本中的时间。这里尝试利用现有的自然语言处理工具来解决如何从文本中提取时间。

本文使用的工具为哈尔滨工业大学的pyltp，可以在Python的第三方模块中找到，实现下载好分词模型cws. model和词性标注pos. model这两个模型文件。

具体Python代码如下：

```
# -* - coding: utf-8 -* -
import os
from pyltp import Segmentor
from pyltp import Postagger

class LTP(object):
    def __init__(self):
        LTP_DATA_DIR = 'D: \BaiduNetdiskDownload\ltp_data_v3.4.0'
        # ltp 模型目录的路径
        cws_model_path = os.path.join(LTP_DATA_DIR, 'cws.model')
        # 分词模型路径，模型名称为'cws.model'

        LTP_DATA_DIR = 'D: \BaiduNetdiskDownload\ltp_data_v3.4.0'
        # ltp 模型目录的路径
        pos_model_path = os.path.join(LTP_DATA_DIR, 'pos.model')
        # 词性标注路径，模型名称为'pos.model'
        self.segmentor = Segmentor()  # 初始化实例
        self.segmentor.load(cws_model_path)   # 加载模型
        self.postagger = Postagger()  # 初始化实例
```

```
        self.postagger.load(pos_model_path)  # 加载模型
    # 分词
    def segment(self, text):
        words = list(self.segmentor.segment(text))
        return words
    # 词性标注
    def postag(self, words):
        postags = list(self.postagger.postag(words))
        return postags
    # 获取文本中的时间
    def get_time(self, text):
        # 开始分词及词性标注
        words = self.segment(text)
        postags = self.postag(words)
        time_lst = []
        i = 0
        for tag, word in zip(postags, words):
            if tag == 'nt':
                j = i
                while postags[j] == 'nt'or words[j] in ['至', '到']:
                    j += 1
                time_lst.append(''.join(words[i: j]))
            i += 1

        # 去重子字符串的情形
        remove_lst = []
        for i in time_lst:
            for j in time_lst:
                if i != j and i in j:
                    remove_lst.append(i)

        text_time_lst = []
        for item in time_lst:
            if item not in remove_lst:
                text_time_lst.append(item)

        # print(text_time_lst)
        return text_time_lst

    # 释放模型
    def free_ltp(self):
        self.segmentor.release()
        self.postagger.release()


if __name__ == '__main__':
    ltp = LTP()
```

```
# 输入文本
sent = '9 月 30 日将在成都开幕的 2022 年第 56 届国际乒联世界乒乓球团体锦标赛(决赛),目前已进入倒计时阶段。'
time_lst = ltp.get_time(sent)
ltp.free_ltp()

# 输出文本中提取的时间
print('提取时间: % s'% str(time_lst))
```

接着,我们测试一个例子。

输入文本为:

2018 年俄罗斯世界杯是第 21 届世界杯足球赛,比赛于 2018 年 6 月 14 日至 7 月 15 日在俄罗斯境内 11 座城市中的 12 座球场内举行,这是世界杯首次在俄罗斯境内举行。

```
E:\Anaconda\envs\python36\python.exe D:/JobTest/main.py
提取时间: ['2018年6月14日至7月15日']

Process finished with exit code 0
```

5.2 语音识别

语言是人类最重要的交流工具,而语音是语言的声学表现形式,是人类最自然的交互方式,具有准确高效、自然方便的特点。随着人工智能的发展,人们发现,语音通信是人和机器之间最好的通信方式。人们通常会将语音识别与声音识别混淆,但语音识别侧重将语音从口头格式转换为文本格式,而声音识别只是试图识别单个用户的声音。语音处理涉及许多学科,以心理、语言和声学等为基础,以信息论、控制论和系统论等理论作为指导,通过应用信号处理、统计分析和模式识别等现代技术手段,发展成为新的学科,在通信、工业、国防、金融等方面有广阔的应用前景。

5.2.1 基本概念

1. 语音

语音是指人类通过发音器官发出来的、具有一定意义的、目的是用来进行社会交际的声音。人类发音器官发出的、负载语义内容的声音,是语言的物质基础,语言必须借助声音才能表达。语音是与意义紧密结合的。每种语言的语音成分及其结构方式,都有社会性、系统性和一定的独特性。

语音是肺部呼出的气流通过在喉头至嘴唇的器官的各种作用而发出的。根据发音方式的不同,可以将语音分为元音和辅音。人可以感觉到频率在20 Hz~20 kHz、强度为-5 dB~130 dB的声音信号,在这个范围以外的音频分量是人耳听不到的,在音频处理过程中可以忽略。

语音的物理基础主要有音高、音强、音长、音色,这也是构成语音的四要素。音高指声波频率,即声波每秒振动次数的多少;音强指声波振幅的大小;音长指声波振动持续时间的长短;音色指声音的特色和本质,也称作“音质”。

语音采样后在计算机中存储的波形反映了语音时域上的变化,但很难从中分辨出不同的语音内容或不同的说话人。这时,我们要进行频域上的转换,从而更好地体现语音内容和音色的差别。常见的语音频域参数包括傅里叶谱、梅尔频率倒谱系数等。

2. 语音识别

语音识别是指将语音自动转换为文字的过程。语音识别技术就是用计算机自动识别和理解语音信号,并将其转换为相应的文本或命令的技术。其性能受说话人、说话方式、环境噪声、传输信道等许多因素影响,是实现机器智能化的重要方面。

在实际应用中,语音识别通常与自然语言理解、自然语言生成和语音合成等技术相结合,提供一个基于语音的自然流畅的人机交互系统。

语音识别技术研究始于20世纪50年代初期。1952年,贝尔实验室研制了世界上第一个能识别十个英文数字的识别系统。20世纪60年代最具代表性的研究成果是基于动态时间规整的模板匹配方法,可以有效解决特定说话人孤立词语音识别中语速不均和不等长匹配的问题。这种基于模板匹配的方法逐渐在80年代中被基于隐马尔可夫模型的统计建模方法取代。其中,英国剑桥大学的隐马尔可夫工具包(HTK)很受欢迎。2010年之后,深度神经网络的兴起和分布式计算机技术的进步使语音识别技术获得重大突破。2011年,微软俞栋等将深度神经网络成功应用于语音识别任务中,在公共数据上词错误率相对降低了30%。基于深度神经网络的开源工具包也以约翰·霍普金斯大学发布的Kaldi应用最广泛。

3. 语音识别分类

按发音方式进行分类,语音识别可分为孤立词识别、连接词识别、连续语音识别、关键词检出等几种类型。连接词识别介于孤立词识别和连续语音识别之间,音与音之间有停顿。关键词检出只从一些关键的部分可以做出决定。

按词汇量大小进行分类。通常以100和500个词条为界限,分为小词汇量、中词汇量和大词汇量三类。随着词汇量的增大,语音识别的识别率会降低。

按语音识别的方法进行分类,有模板匹配法、随机模型法和概率语法分析法,在对语音信号特征构建参考模型的基础上,利用一个测度函数对未知模板和参考模板进行似然度衡量,再选用一种最佳准则和专家知识进行识别决策,给出结果。

按说话人进行分类,可分为特定说话人和非特定说话人两种。前者只识别固定某个人的声音,后者可以识别任意人的发音,通用性好,应用面广,但难度较大。

在语音识别中,最简单的是特定人、小词汇量、孤立词的语音识别,最复杂、最难解决的是非特定人、大词汇量、连续语音识别。其中,主流算法是隐马尔可夫模型方法。

5.2.2 基本原理

语音识别系统主要包括四个部分:特征提取、声学模型、语言模型和解码搜索。典型框架如图 5-9 所示。

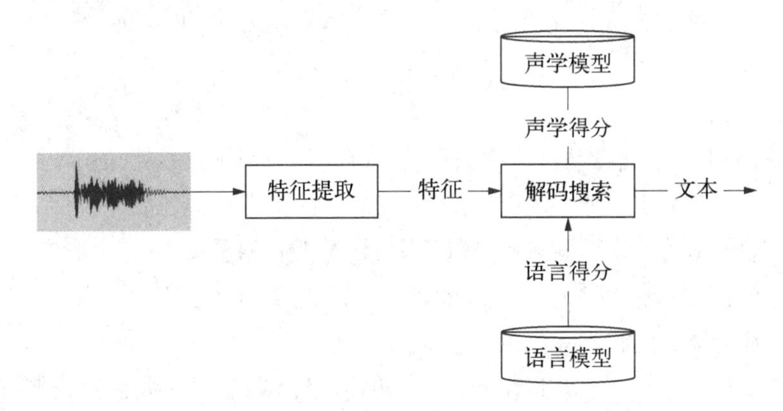

图 5-9 语音识别系统的典型框架

1. 特征提取

特征提取是指在原始语音信号中提取出与语音识别最相关的信息,滤出其他无关信息。常用的声学特征有三种,即梅尔频率倒谱系数、梅尔标度滤波器组特征和感知线性预测倒谱系数。

2. 声学模型

声学模型承载着声学特征与建模单元之间的映射关系,是语音识别系统的底层模型,也是最关键的部分。声学模型可以通过训练对某个特定用户的语音模式和发音环境特征进行建模,从而将待识别的语音特征参数同声学模型参数进行匹配和比较,得到最佳识别效果。这里,基本声学单元包括音节、半音阶、声韵母、音素等,其选择是一个基本但重要的问题,直接影响到训练量和模型效果。声韵母是适合汉语特点建模的基本声学单元。

在训练技术上,目前主流的是隐马尔可夫模型。经典的声学模型是混合声学模型,大致可以分为基于高斯混合模型-隐马尔可夫模型、基于深度神经网络-隐马尔可夫模型两种。后者的性能显著超越前者,成为目前主流的声学建模技术。声学模型存在的不足主要在于精度和繁复。

3. 语言模型

语言模型是根据语言客观事实进行的语言抽象数学建模。语言模型主要解决两个问题：一是如何使用数学模型来描述语音中词的语音结构；二是如何结合给定的语言结构和模式识别器形成识别算法。其更多通过计算一个句子出现的概率模型来决定哪个词序列的可能性更大，或者对即将出现词语内容的预测，从而在匹配过程中对不可能的单词进行剔除。另一方面，语言模型在匹配搜索时用于字词和路径约束的语言规则的制定，这里包括由识别语音命令构成的语法网络或由统计方法构成的语言模型。常用的有N元语法模型（工业界应用较多）和循环神经网络语言模型。语言模型的评价指标是语言模型在测试集上的困惑度，目标就是寻找困惑度较小的模型。

4. 解码搜索

解码搜索的主要任务是在由声学模型、发音词典和语言模型构成的搜索空间中寻找最佳路径。解码时要用到声学得分和语言得分，分别由声学模型和语言模型计算得到。构建解码空间的方法可分为静态解码和动态解码。静态解码速度较快，但占用内存较大。解码所用搜索算法大致分成两类：采用时间同步方法，如维特比算法；采用时间异步方法，如 A^* 算法。

语音识别过程也可以用图5-10形象地表示。

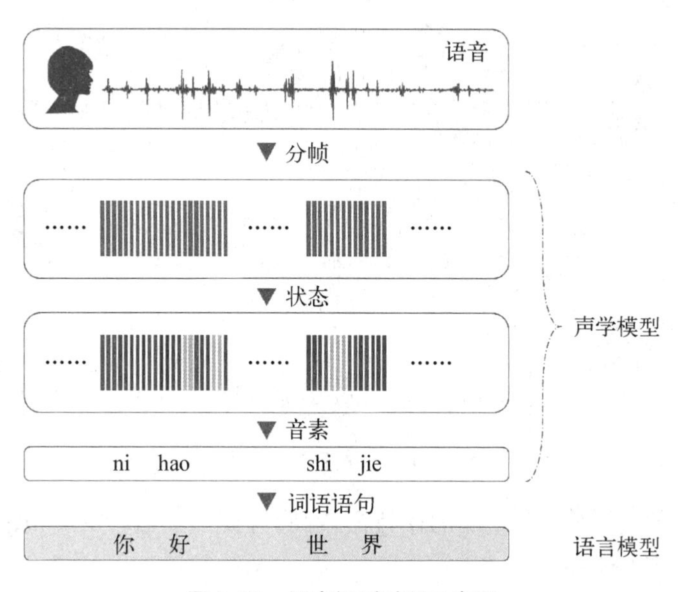

图5-10 语音识别过程示意图

近年来，研究者正在探索端到端的语音识别技术，特别是基于注意力机制的端到端语音识别方法。它试图用一个神经网络来承担原来所有模块的功能。这样，系统中将不再有多个独立的模块，而仅通过神经网络来实现从输入端（语音波形或特征序列）到输出端（单词、音素或音素的序列）的直接映射。端到端的语音识别技术能有效减少人工预处理和后续处理，避免了分阶段学习问题，能给模型提供更多的基于数据驱动的自动调解空间，从而有助于提高模型的整体契合度。

5.2.3 语音识别举例

作为人们交流的一种主要方式,语言不仅包含语义信息,还携带丰富的情感信息。语音信号是语言的声音表现形式,情感是说话人所处环境和心理状态的反映。美国麻省理工学院的明斯基(Minsky)教授就曾专门指出,“问题不在于智能机器能否有情感,而在于没有情感的机器能否实现智能。”

目前,情感状态主要从离散情感和维度情感两方面描述。离散情感模型将情感描述为离散的、形容词标签的形式,如高兴、忧伤等。美国心理学家埃克曼(Ekman)提出六大基本情感——生气、厌恶、恐惧、高兴、悲伤和惊讶。维度情感模型将情感描述为多维情感空间中的连续数值,如图 5-11 所示。

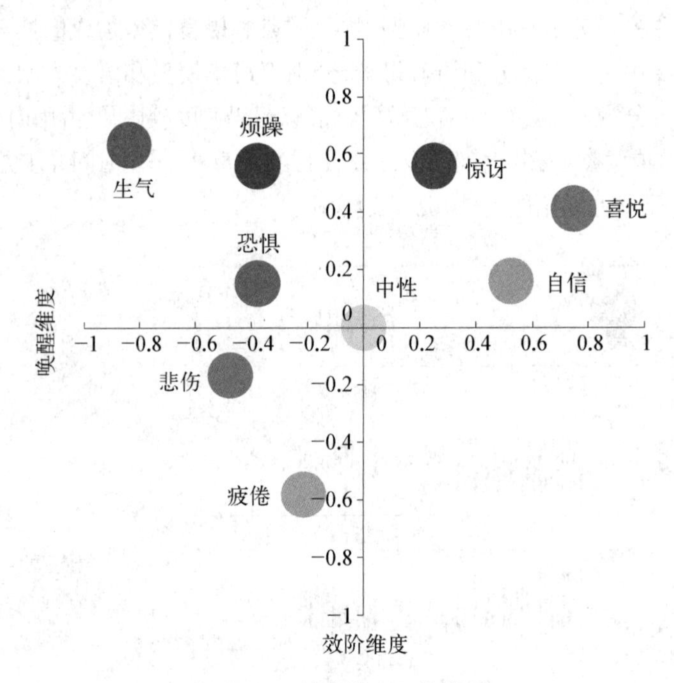

图 5-11 情绪维度二维模型

语音情感特征主要分为三类:韵律特征、音质特征和频谱特征。情感状态与语音参数之间的关系如表 5-1。

表 5-1 情感状态与语音参数之间的关系

语音参数	愤　怒	高　兴	悲　伤	恐　惧	厌　恶
语速	略快	快或慢	略慢	很快	非常快
平均基音	非常高	很高	略低	非常高	非常低
基音范围	很宽	很宽	略窄	很宽	略宽

续　表

语音参数	愤　怒	高　兴	悲　伤	恐　惧	厌　恶
强度	高	高	低	正常	低
声音质量	有呼吸声、胸腔声	有呼吸声、共鸣音调	有共鸣声	不规则声音	嘟囔声、胸腔声
基音变化	重音处突变	光滑、向上弯曲	向下弯曲	正常	宽，最终向下弯曲
清晰度	含糊	正常	含糊	精确	正常

语音情感识别是让计算机能够通过语音信号识别说话者的情感状态，是情感计算的重要组成部分，是情感语言处理的主要内容之一。情感计算的目的是通过赋予计算机识别、理解、表达和适应人的情感的能力来建立和谐的人机环境，并使计算机具有更高的、全面的智能。

一般来说，语音情感识别系统主要由三部分组成——语音信号采集、语音情感特征提取和语音情感识别，如图 5-12 所示。语音信号采集模块通过语音传感器（如麦克风等语音录制设备）获得语音信号，并传递到语音情感特征提取模块；语音情感特征提取模块对语音信号中情感关联紧密的声学参数进行提取，最后送入语音情感识别模块完成情感判断。

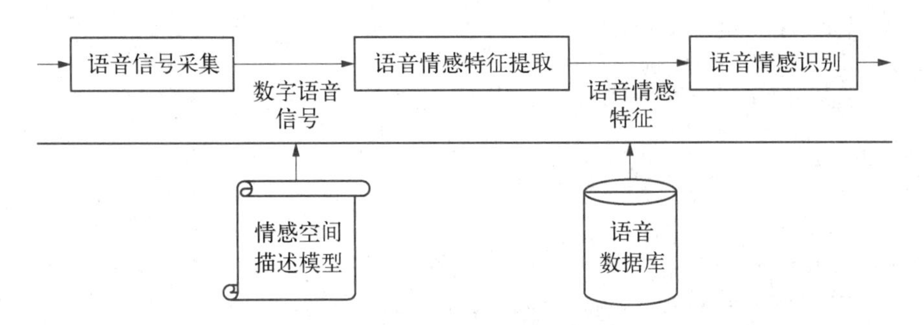

图 5-12　语音情感识别系统框架

语音情感识别本质上是一个典型的模式分类问题，可以将模式识别中的众多算法，如隐马尔可夫模型、支持向量机等应用于其中。支持向量机具有良好的非线性建模能力和对小数据处理的鲁棒性，在语音情感识别中应用最广。不同的网络结构也可用于语音情感识别。在不同的情感数据库和测试环境中，不同的识别算法各有优劣，不能一概而论。

5.2.4　语音识别实战

这里基于 Python 结合一些现有的框架和公共 API，实现智能语音助理，重点是从录音到百度语音的语音转文字（Speech to Text, STT）。

1. SpeechRecognition（录音）

SpeechRecogintion 是 Python 的一个语音识别框架，已经对接了如 Google 和微软的 STT

服务。这里的语音识别及合成用的是百度的开放服务,所以只是需要 SpeechRecogintion 的录音功能。它可以检测语音中的停顿,自动终止录音并保存。

(1) 安装依赖库

Windows 系统下,安装 SpeechRecognition 需要提前装好 Python 的 PyAudio 框架。

装好以后直接执行下面的命令即可。

```
conda install pyaudio
```

PyAudio 装好以后,直接使用 Python 的包管理工具 pip 安装 SpeechRecognition 即可。

```
pip install SpeechRecognition
```

Linux 系统下可以直接使用系统自带的包管理器安装 PyAudio(如 Ubuntu 和 Raspbian 系统的 apt-get)。

```
$ sudo apt-get install python3-pyaudio
```

PyAudio 装好以后,安装 SpeechRecognition:

```
pip install SpeechRecognition
```

(2) 录音代码

```
import speech_recognition as sr
def rec(rate=16000):
    r = sr.Recognizer()
    with sr.Microphone(sample_rate=rate) as source:
        print("please say something")
        audio = r.listen(source)
    with open("recording.wav", "wb") as f:
        f.write(audio.get_wav_data())
rec()
```

从系统麦克风拾取音频数据,采样率为 16 000 Hz。之后把采集到的音频数据以 WAV 格式保存在当前目录下的 recording.wav 文件中,供后面的程序使用。

2. 百度语音

(1) 创建应用

百度语音是百度云 AI 开放平台提供的支持语音识别和语音合成的服务,注册以后就可以直接访问它的 REST API 了。

注册成功以后，进入语音服务的控制台创建一个新的应用，记下自己的 AppID、API Key 和 Secret Key。

(2) 语音识别代码

百度云 AI 有提供面向 Python 的框架 baidu-aip，就相当于重新打包以后的 requests 库，用来访问 REST API。这里为简单起见，直接使用该框架。

安装：

```
pip install baidu-aip
```

语音识别代码如下(代码中的 Key 替换成自己的)：

```
from aip import AipSpeech

APP_ID = 'Your AppID'
API_KEY = 'Your API Key'
SECRET_KEY = 'Your Secret Key'
client = AipSpeech(APP_ID, API_KEY, SECRET_KEY)

def listen():
    with open('recording.wav', 'rb') as f:
        audio_data = f.read()
    result = client.asr(audio_data, 'wav', 16000, {
        'dev_pid': 1536,
    })
    result_text = result["result"][0]
    print("you said: " + result_text)
    return result_text
listen()
```

简单来说，将 SpeechRecognition 录制的音频上传至百度语音的服务，返回识别后的文本结果并输出。

第6章

智能机器人系统

世界范围内的各个经济大国都在致力于研制新一代机器人，并且不少成果已经在工业领域中发挥着巨大的作用。随着科技的发展，机器人智能化程度越来越高，在各类传感器和人工智能算法的帮助下，智能机器人具备了强大的自我调整和适应的能力。机器人可以帮助人类从重复、危险和高强度的工作中释放出来，以促进行业的发展。在劳动密集型的建筑行业，尤其如此。

我国建筑行业的信息化率仅为0.03%，和工业领域相比还停留在“石器时代”。以同济大学为代表的一批国内建筑院校，长期从事建筑机器人相关的研究工作，并努力推进研发成果的转换。同济大学先后与多家科技公司、建设集团开展产学研合作，将机器人运用到木构、砌筑、幕墙安装、抹灰、建造平台等现场施工场景中。

2017年，上海数字未来工作营在同济大学建筑城规学院的教学楼前，利用机器人层积打印技术完成了一座跨度达14米的步行桥施工。该桥的桥身截面是复杂的拓扑结构，它的设计由结构拓扑算法完成。工程师用编程语言对结构数据进行整理，转换成机器人可识别的程序文件后，输入到机器人发出打印指令。进入打印阶段，在无人干预的情况下机器人高效、精确地完成了制作任务，极大地节省了人力成本。

在人口老龄化的大背景下，国家逐步加大建筑智能机器人的投入，随着更多智能技术的引入，建筑行业结构化升级终将会并入工业发展的快车道。

6.1 概　述

机器人技术集中了机械工程、电子技术、计算机技术、自动控制理论、人工智能等学科的最新成果，代表着人类文明从机械化、机电一体化、自动化，迭代发展到现在的工业4.0（智能化）时代。机器人是制造技术的制高点。机器人也正在从传统的工业领域逐渐走向更为广泛的应用场景，如出现家用服务、医疗服务等服务机器人以及用于应急救援等的特种机器人。机器人系统正在向智能化系统方向发展。

人工智能与机器人不同。前者解决学习、感知、语言理解或逻辑推理等任务，若想在物理世界完成这些工作，人工智能必然需要一个载体，机器人就是这样的一个载体。机器人是可编程机器，通常能够自主或半自主地执行一系列动作。机器人与人工智能结合，由人工智能程序控制的机器人称为智能机器人，如图6-1所示。

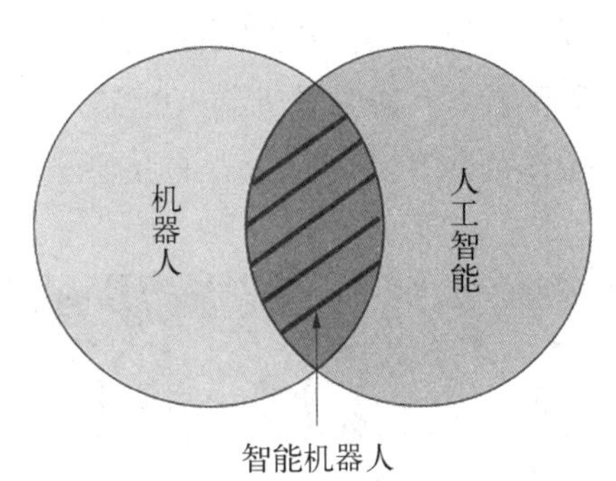

图6-1　机器人、人工智能及智能机器人关系图

让机器人成为人类的助手和伙伴，与人类或者其他机器人协作完成任务，是新型智能机器人的重要发展方向。人工智能技术的应用提高了机器人的智能化程度，同时智能机器人的研究又促进了人工智能理论和技术的发展。图6-2描述了人工智能技术在智能机器人关键技术中的应用。

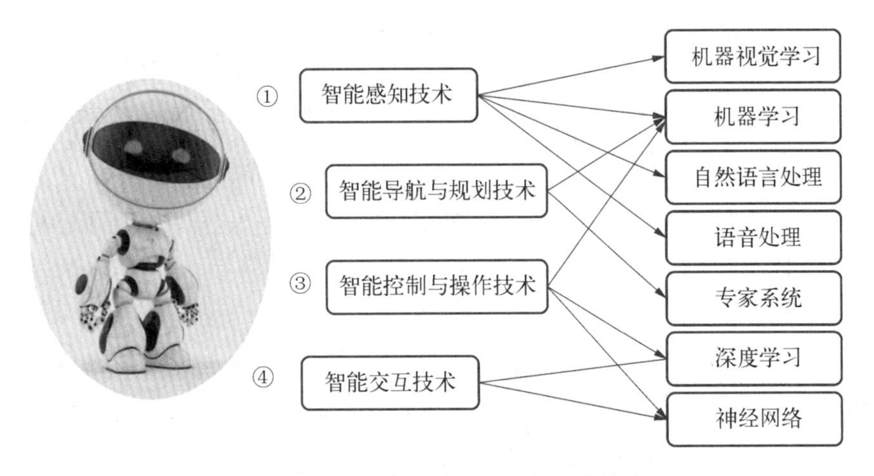

图6-2　人工智能技术在智能机器人中的应用

6.2　机器人的基本组成

6.2.1　机器人的三大组成部分

“机器人”一词最早诞生于科幻小说之中，人们对于机器人充满了幻想。与此同时，机器人至今已问世几十年了，对于什么是机器人还是仁者见仁、智者见智，这就导致机器人定义上的模糊性，给了我们极大的想象空间。

1886年，法国作家利尔·雅当在小说《未来的夏娃》中，把外形和人相似的机器命名为“安德罗丁”，也就是现代智能手机系统Android。安德罗丁主要由四部分组成：生命系统、造型解质、人造肌肉与人造皮肤，这样几个部分也逐渐演化成现代机器人的重要组成。2012年，国际标准化组织（ISO）对机器人下了一个定义，即“在两个或两个以上轴上可编程，且具有一定程度的自主性，能够在环境中移动去执行预定的任务”。现在，ISO 采取了美国机器人协会对机器人的定义：“一种可编程和多功能的，用来搬运材料、零件、工具的操作机，或是为了执行不同的任务而具有的可改变和可编程动作的专门系统。”

图 6-3　工业机器人

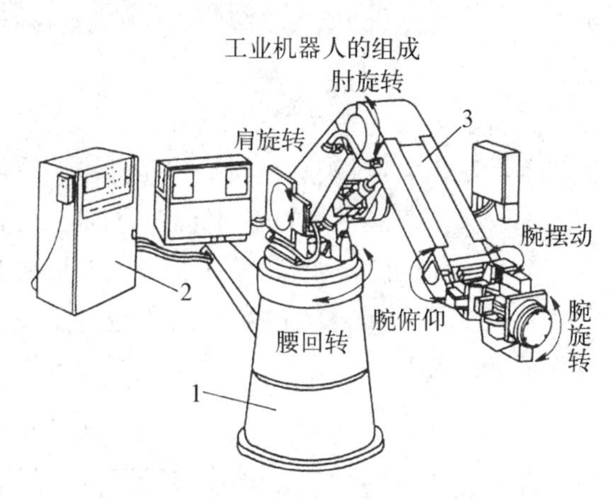

图 6-4　工业机器人组成示意图

因此，我们要深入学习机器人，首先需要了解一个机器人的基本组成部分，并且需要理解每一个组成部分的作用，以及这些组成部分相互之间的联系，这样才方便了解机器人的主要特点和功能特性。下面我们来看看机器人的组成部分。

1. 感应器（传感部分）

智能机器人具备各种各样的内部传感器和外部传感器，这些感应器相当于我们人类的五官，具有视觉、听觉、触觉、嗅觉，一般包含感知系统和机器人与环境交互系统。感应器也称为传感器，是一种检测装置，能够实现机器人对环境的感知，在机器人的控制中起到非常重要的作用（图 6-5）。因为有了感应器，机器人才具备了类似人的知觉能力和反应能力。所以机器人可以通过传感部分去感受外界环境以及来自自身的一些刺激，比如电信号、光信号等。机器人通过感受这些信息，能帮助自身更加准确地处理一些工作。目前就有一类传感型机器人，例如机器人世界杯的小型组比赛机器人就属于这样的类型，它

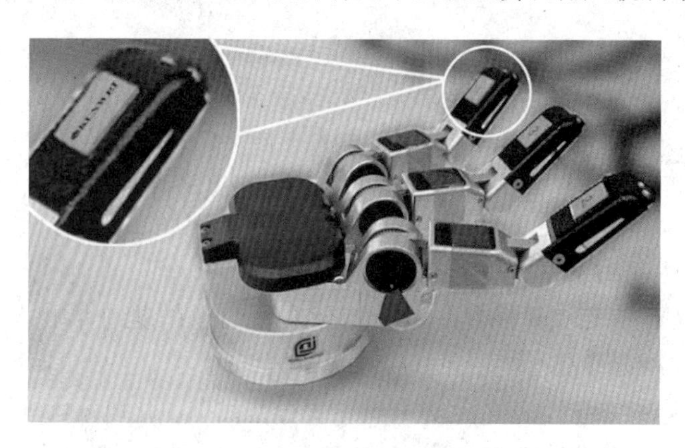

图 6-5　感应器

们通过一系列感应器去模拟现实中足球运动员在比赛中的反应。

2. 处理器(控制部分)

智能机器人最为核心的部分就是处理器,也称为控制部分,一般包含人机交互系统和控制系统(图6-6)。处理器就相当于机器人的大脑,可以直接或者通过人工对机器人的动作进行控制,实现我们想要的效果。处理器接收来自感应器的信息,对这些信息进行分析与处理,再经过精确计算后发出相应的指令,这便是处理器需要完成的工作。目前常用的机器人控制器有PLC控制器、单片机控制器和电脑主机CPU控制器。此外,人工智能技术正被越来越多地应用在机器人控制过程,PID控制算法、自适应模糊控制算法、遗传算法、神经网络算法等人工智能相关知识加快了机器人处理信息的复杂度与速度。

图6-6　处理器

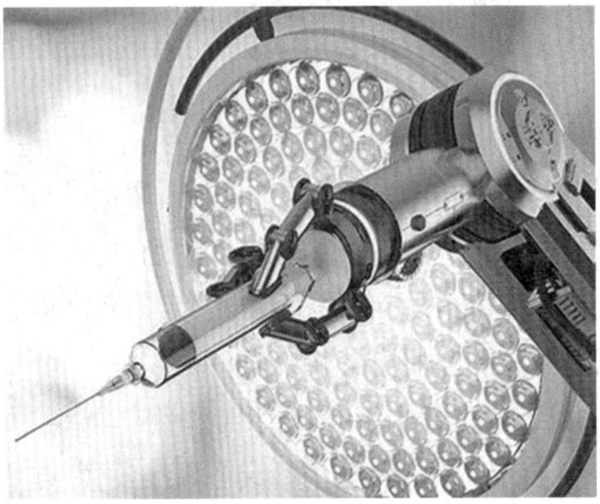

图6-7　效应器

3. 效应器(机械部分)

效应器是智能机器人的血肉组成部分,也称为机器人的本体,一般包括驱动系统和机械结构系统(图6-7)。要使机器人运作起来,需各个关节即每个运动自由度安置传动装置,这就是驱动系统。机器人的机械结构主要由机座、手臂、末端操作器三大部分组成,每一个大件都有若干个自由度的机械系统。若基座具备行走机构,则构成行走机器人;若基座不具备行走及弯腰机构,则构成单机器人臂。所以,机器人拥有了效应器,就相当于有了肌肉去完成处理器传过来的一系列指令,保证了整个机器人控制系统的完整结构与动作执行。

在熟悉了智能机器人的三大组成部分之后,我们可以清晰地看到感应器、处理器与效应器是紧密相连的,它们之间彼此协作、高度统一,才能完成一个个高难度、高标准、高要求的任务。

6.2.2　机器人的六大子系统

1. 感知系统

作为感应器的组成系统之一,感知系统主要由内部传感器模块和外部传感器模块组成，用于获取机器人内部和外部环境状态中有意义的信息，然后把这些信息转变成机器人自身或者机器人之间能够理解和应用的数据、信息。例如应用广泛的视觉感知技术，可以将视觉信息作为反馈信号，用来调整机器人的位置和姿态。智能传感器可以提高机器人的机动性、适应性和智能化的水准，对于一些特殊的信息，传感器的灵敏度甚至可以超越人类的感觉系统。

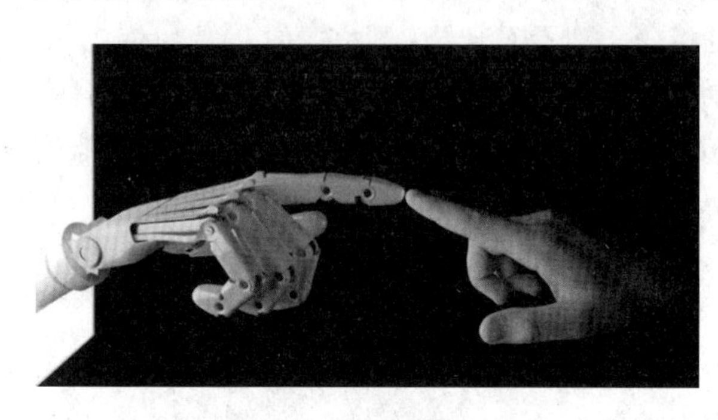
图 6-8　机器人感知

机器人内部传感器通过自己的坐标系统确定其位置，通常安装在机器人自己身上，用于感知自身的状态，去调整与控制自身的一系列行为（图 6-8）。内部传感器主要包括位移传感器、速度传感器、加速度传感器与力传感器等。

机器人外部传感器主要用来检测机器人所处环境的状态，目标的状况如何，例如目标是什么物体，机器人自身与物体的距离是多少，机器人抓取的物体有没有滑落等，所以外部传感器能够使机器人与外部环境产生交互作用，对环境有着自我校正与自我适应的能力。所以，我们可以把外部传感器理解为具有类似于人类五官感知能力的一类传感器，主要包括触觉传感器、压力传感器、力觉传感器与视觉传感器。

2. 机器人与环境交互系统

感应器中另一个组成系统也极为重要，机器人与环境交互系统能够实现智能机器人与外部环境中的设备相互联系和协调（图 6-9）。比如在工业中，工业机器人与外部设备集成为一个功能单元，如加工制造单元、焊接单元、装配单元等，也可以是多台机器人、多台机床设备或者多个零件存储装置集成为一个能执行复杂任务的功能单元。

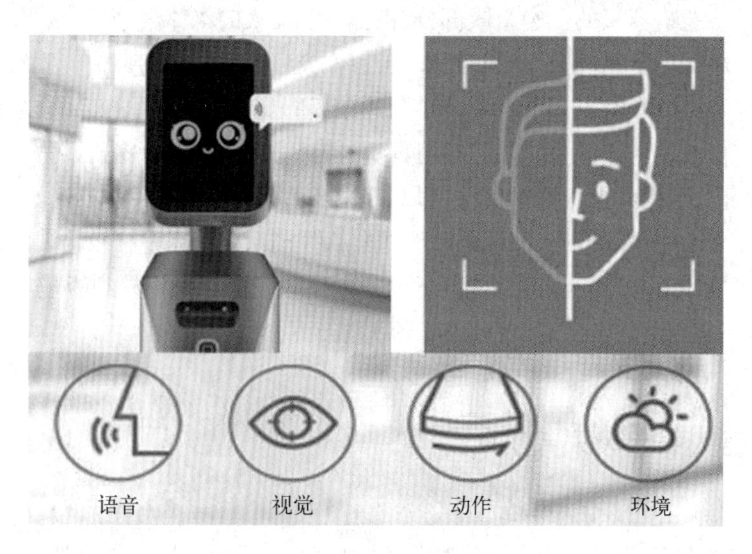

图 6-9　机器人与环境交互系统

3. 控制系统

控制系统主要是根据机器人的作业指令程序和从传感器反馈回来的信号支配执行机构去完成规定的运动和功能(图6-10)。根据控制原理,控制系统可以分为程序控制系统、适应性控制系统和人工智能控制系统。根据运动形式,控制系统还可以分为点位控制系统和轨迹控制系统两大类。

控制系统的基本功能有:

① 控制机械臂末端执行器的运动位置(即控制末端执行器经过的点和移动路径)。

② 控制机械臂的运动姿态(即控制相邻两个活动构件的相对位置)。

③ 控制运动速度(即控制末端执行器运动位置随时间变化的规律)。

④ 控制运动加速度(即控制末端执行器在运动过程中的速度变化)。

⑤ 控制机械臂中各动力关节的输出转矩(即控制对操作对象施加的作用力)。

⑥ 具备操作方便的人机交互功能,机器人通过记忆和再现来完成规定的任务。

⑦ 使机器人对外部环境有检测和感觉功能。工业机器人配备视觉、力觉、触觉等传感器进行测量、识别,判断作业条件的变化。

图6-10　机器人控制系统

4. 人机交互系统

人机交互系统是使操作人员参与机器人控制并与机器人进行联系的装置,例如计算机的标准终端、指令控制台、信息显示板、危险信号警报器、示教盒等。简单来说,该系统可以分为两大部分:指令给定系统和信息显示装置。

在指令给定系统中,操作人员通过输入一系列的指令让机器人执行相应的操作,这些指令一定是有逻辑的。任何带有逻辑的机器都离不开程序,程序是它们的"灵魂",当然机器人也不例外。所以光有"魁梧"的躯体还不够,它们也需要思维赋予它们灵性。

5. 驱动系统

要使机器人运行起来,就需要在各个关节安装传动装置,用以使执行机构产生相应的动作,这就是驱动系统。它的作用是提供机器人各部分、各关节动作的原动力。驱动系统的传动部分可以是液压传动系统、电动传动系统、气动传动系统,或者是几种系统结合起

图 6-11　人机交互系统

来的综合传动系统。该部分的作用相当于人的肌肉。

电气驱动系统普遍应用在工业机器人中，可以分为步进电机、直流伺服电机和交流伺服电机三种驱动方式。早期多采用步进电机驱动，后面逐渐发展了直流伺服电机驱动，现在交流伺服驱动电机也逐渐得到了应用。液压驱动系统运动平稳，负载能力大，所以机器人如果需要重载搬运以及零件加工，采用液压驱动会更为合理（图 6-12）。与此同时，液压驱动存在管道复杂、难以清洁等缺点，限制了在装配作业中的应用。

图 6-12　液压驱动系统

6. 机械结构系统

工业机器人的机械结构主要包括机身、臂部、手腕、末端操作器和行走机构等部分，每部分具有若干自由度，构成一个多自由度的机械系统（图 6-13）。此外，有的机器人还具备行走机构,若机器人具备行走机构,则构成行走机器人;若机器人不具备行走及腰转机构,则构成单机器人臂。末端操作器是直接安装在手腕上的一个重要部件,它可以是多手指的手爪,也可以是喷漆枪或焊具等作业工具。工业机器人机械系统的作用相当于人的骨髓、手、臂和腿等。

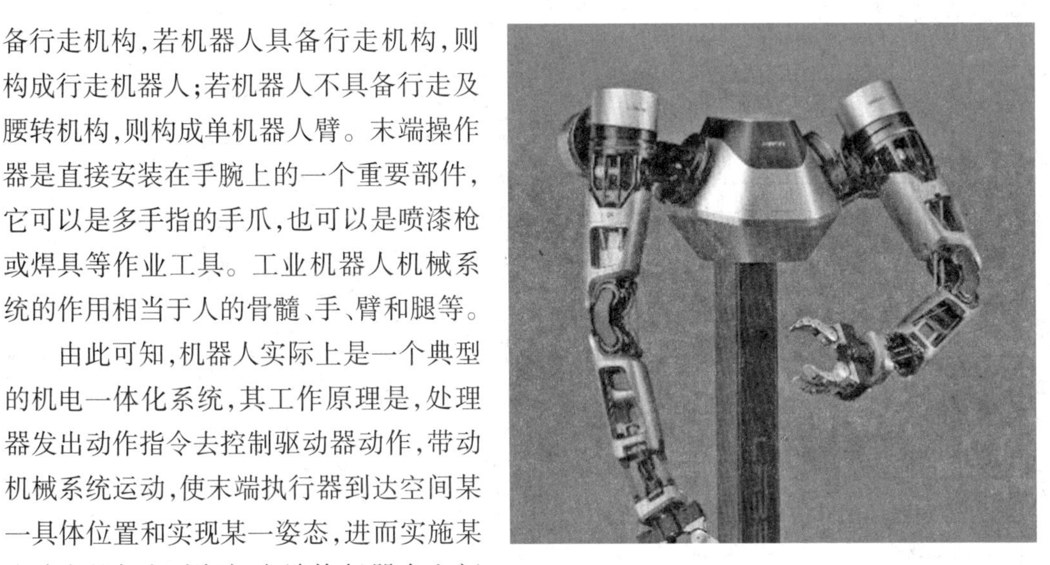

图 6-13 机器人机械结构

由此可知,机器人实际上是一个典型的机电一体化系统,其工作原理是,处理器发出动作指令去控制驱动器动作,带动机械系统运动,使末端执行器到达空间某一具体位置和实现某一姿态,进而实施某个确定的任务,同时,末端执行器在空间中的实际位置和姿态通过传感器反馈回控制系统,处理器通过比较实际与预定的位置与姿态,继续发出下一条指令,通过不断调整,从而完成任务。

6.3 智能控制技术

在前一节内容中,我们了解到机器人最为核心的部分为机器人的控制系统。在科学技术发展日新月异的背景下,传统的控制方法已经不能满足机器人的控制,所以在各个学科的迅速发展下,控制系统逐渐向智能控制系统发展,并产生了许多各具特色的控制方法。那么我们首要关注的为何是智能控制呢? 其次,智能控制系统的内部结构又是怎样的呢? 智能控制系统有哪些特别的优点呢? 下面让我们带着思考去了解智能控制技术。

首先,智能控制与一般控制的区别在于多了“智能”二字,我们知道智能代表着能灵活、有效、创造性地进行信息获取、信息处理和信息利用。那么从机器智能的角度来看,机器智能可以把信息进行分析与组织,并转化成知识,而知识就用来使机器完成特定的任务,得到一个最好或比较好的结果。

智能控制像“知识”的舵手一般,把知识和反馈回来的信息结合起来,进而形成感知-交互式的控制系统。这一系统可以进行规划、决策、联想,产生有效的行为,并能在不确定的环境中达到预定的目标。因此,智能控制实际上只是研究与模拟人类智能活动及其控制与信息传递过程的规律,研制具有仿人智能的工程控制与信息处理系统的一个新兴分支学科。

图 6-14 是智能控制系统的一个典型结构。

比如对于一个智能机器人系统而言,称广义对象为机器人的手、臂、操作目标以及所

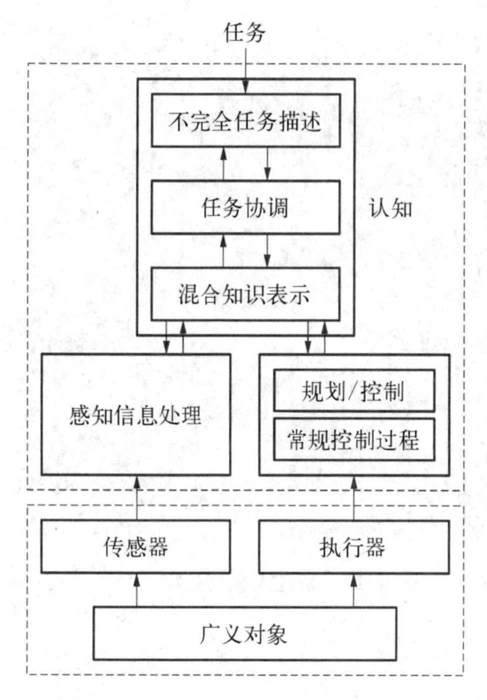

图 6-14　智能控制系统的典型结构

处环境。传感器包含位置传感器、力传感器、视觉传感器等,感知信息处理也就是上一节所介绍的感知系统,用来处理来自传感器的许多原始信息。认知主要工作是接收和存储信息、知识、经验和数据,经过分析与推理,做出行动的决策,送至下一部分。规划与控制是系统的核心,对反馈的信息利用经验知识进行推理决策、动作规划,产生具体的控制指令,并通过执行器驱动,作用广义对象,这便是智能控制系统整个结构的工作流程。

智能控制系统的特点可归纳如下:具有判断决策能力,对每个外界环境或自身系统传来的信息根据知识进行决策判断;具有较强的学习能力,可以根据这些信息进行识别、记忆、学习、融合、分析、推理,进而利用积累的知识优化自身的控制能力;具有较强的自适应能力,能够适应动力学特性、环境特性等条件的变化;具有较强的容错能力,即使遇到各类故障,也能通过自诊断、屏蔽与自恢复来处理突发状况;具有较强的鲁棒性,能抵抗环境的不确定性与干扰;具有较强的组织能力,能对复杂任务与分散的信息展现出灵活的组织和协调能力。除了上述优点之外,还有更多的优点展现在不同的智能控制技术中,本节也将介绍几个广泛应用的智能控制方法。

6.3.1　自动控制系统

1. 概述

近几十年来,随着自动化技术的广泛应用,自动控制不仅在宇宙航天、机器人控制、导航及核动力等领域中发挥着不可替代的作用,现在也在生物医学、经济与环境等社会生活领域产生着重要的影响。

自动控制技术最早可以追溯到中国古代的自动计时器与漏壶指南车,近现代才开始大范围应用在各行各业中。例如,1788 年英国的瓦特在发明蒸汽机的同时,利用控制技术的原理发明了离心机,为后面许多大型工业工程的大力发展奠定了基础;随着 20 世纪控制论的理论思想蓬勃发展,贝塔朗菲的《系统论》与维纳的《控制论》的发表代表着经典控制理论的形成;而后人类开始向太空发起挑战,1957 年苏联发射第一颗人造卫星,1968 年美国阿波罗登上月球,在这些令人惊叹的成就背后,现代控制理论的贡献功不可没,使得我们可以控制更为复杂的对象,这也标志着控制理论的进一步完善。

什么是自动控制呢? 自动控制是指在没有直接的人为参与下,通过外加的控制装置使机器、设备或生产过程的某个状态或参数能够按照预期的规律去运行。为了完成更为

复杂的控制过程，把控制装置与需要控制的对象按照合理的方式连接起来，就构成了一个自动控制系统。

有时候，我们需要去控制一些物理量保持恒定，比如房间里的温度，那么空调就是一整套自动控制系统。通过遥控器设定温度为某一温度值，称之为期望值。如果室内的温度高于这个期望值，空调通过温度传感器可以检测到温度的实际值，控制系统通过控制装置比较两者的差值，就会向压缩机发出信号，加大功率使房间里的温度迅速降下来，通过不断调整使房间的温度达到我们的期望值。如果房间的温度低于期望值，控制系统就会相反作用，直到达到我们想要的效果。这就是一种基于反馈控制原理的反馈控制系统，所以反馈控制实质是一种按照偏差进行控制的过程。

2. 自动控制系统的组成与原理

以一套具有反馈特性的温度控制系统为例来分析，一般控制系统分为控制装置与被控对象两大部分。控制装置包含了各种基本元件，这些元件负责不同环节，而且一些元件的组合有着共同的作用。元件大概可以分为以下几种：

① 测量元件。其负责检测输出的物理量，比方说电流、电压、温度、位置、速度、压力等。如果是非电量例如温度，那么温度传感器将把温度转化为电压这一物理量，进而与我们设定的电压值进行比较。

② 给定元件。其负责给出与期望的被控量相对应的系统输入量。

③ 比较元件。其负责比较测量元件的实际值与给定元件的期望值。常用的比较元件有机械差动装置、电桥电路等。

④ 放大元件。其负责对比较元件产生的偏差值进行放大，进而驱动执行元件去作用被控对象。例如要放大电压信号，可使用晶闸管的电压或功率放大级去放大。

⑤ 执行元件。其负责直接作用被控对象，控制被控量变化。例如电动机、马达等。

⑥ 校正元件。其负责补偿差值，改善系统性能。常用的是由电阻、电容等组成的有源或者无源网络。

图 6-15 是一个典型的反馈控制系统。

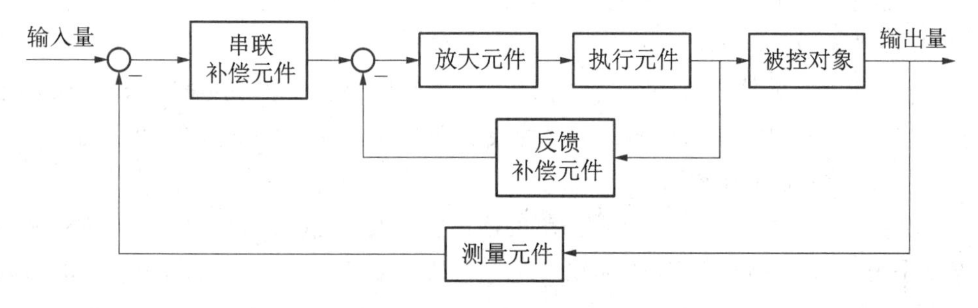

图 6-15　反馈控制系统

在图中有两个反馈回路，分别为主反馈回路与局部反馈回路。主反馈回路是包含测量元件的大回路，通过对输出量进行测量反馈回输入端，比较元件○的符号代表是负反馈,意味着输入值与输出值相减,再通过串联补偿元件传递到下一元件产生控制作用;局部反馈回路是包含反馈补偿元件的这一回路,通过对执行元件信号的检测,能够加快补偿,实现对被控对象更好的控制效果。图中的这一系统也称为多回路系统,意味着一个控制系统的原理图中有两个或两个以上的信号回路。

首先,上面分析的反馈控制方法是利用偏差值产生相应的一个控制作用去消除这个偏差,从而使被控量与期望值趋于相同,同时我们能够抑制一些外界的扰动所产生的不利影响。虽然此类系统使用的元件比较多而且复杂,但仍然是现在广泛应用的一种控制方式。

然而,经典的控制方式不止于反馈控制,还有开环控制与复合控制。开环控制是指控制装置对被控对象只有直接作用,没有反向联系,也就是说,系统的输出量不会对系统的控制作用产生影响。因此,在开环控制系统中,如果被控对象被扰动影响,将不会自动校正偏差,一旦存在一个比较大的扰动,系统的输出就会不受控,所以开环控制一般应用在干扰比较小的场合中,例如自动售货机、数控机床等,它们精度要求不高,而且相较其他控制方式,开环控制还有结构简单、成本低等有利特点。复合控制方式是将偏差控制和扰动控制相结合,通过对主要扰动采用补偿装置进行补偿,从而实现更好的控制效果。

3. 自动控制系统的分类

如果按照控制方式区分,自动控制系统可分为开环控制、反馈控制与复合控制。如果按系统使用的能源分类,自动控制系统可分为机械、电气、液压和气动控制系统。此外,还可以用以下的方式分类。

(1) 按照系统的功用分类

① 恒值控制系统。该系统的输入量为常量或者随时间缓慢变化。其任务是当扰动出现时,系统的输出量保持为恒定的期望值。例如恒温控制系统、水位调节系统等。

② 随动系统。该系统的输入量随时间任意变化。其任务是使系统的输出量以要求的精度跟随输入量变化。因此系统控制的输出量常为速度、加速度。

③ 程序控制系统。该系统的输入量是按规律随时间变化的函数。其任务是使被控量准确地复现。例如数控机床便属于这类系统。

(2) 按系统的性能分类

① 线性系统与非线性系统。线性系统是一类用线性微分方程或者差分方程描述的系统,如果方程的系数为常数,那么系统为线性定常系统,否则为线性时变系统。非线性系统是用非线性方程描述的系统。

② 连续系统与离散系统。连续系统的输入量与输出量均为时间连续函数,也就是说,连续系统的信号在任意时间都是已知的。离散系统是系统有一处或一处以上为离散时间函数的系统。

③ 确定性系统与不确定性系统。确定性系统是指该系统的结构、参数和输入量均为已知。不确定性系统则是系统本身的结构或者参数以及输入量带有不确定性与模糊性,现实中大多数系统均为不确定性系统。

6.3.2　模糊控制

1. 模糊推理方法

模糊逻辑控制理论(Fuzzy Logic Control Theory),简称模糊控制理论(Fuzzy Control Theory),这一概念于1974年由扎德(L. A. Zadeh)教授提出。模糊控制是以模糊集合理论、模糊语言及模糊逻辑为基础的控制,它是模糊数学在控制系统中的应用,是一种非线性智能控制。模糊控制是利用人的知识对控制对象进行控制的一种方法,通常用"if 条件,then 结果"的形式来表现,所以又被通俗地称为语言控制。一般用于无法以严密的数学表示的控制对象模型,即可利用人(熟练专家)的经验和知识来很好地控制。因此,利用人的智力模糊地进行系统控制的方法就是模糊控制。

模糊性普遍存在于人类思维与语言交流中,是一种不确定性的表现。随机性则是客观存在的另一类不确定性,两者虽然都是不确定性,但存在本质的区别。模糊性主要是人对概念外延的主观理解上的不确定性;随机性则主要反映了客观上的自然的不确定性,即对事件或行为的发生与否的不确定性,也就是说,"模糊"与"精确"是两个相对概念。另外,在模糊理论研究方面,以扎德提出的分解定理和扩张原则为基础的模糊数学理论已有大量的成果问世。

现在模糊控制系统已经在各个领域得到了广泛的应用,其范围涉及机器人控制系统、汽车控制系统、列车控制系统、电梯群控制系统、飞行器控制系统等。

2. 模糊控制原理

模糊控制将有经验的专家的控制经验编写成模糊控制规则,通过计算机采样器变送过来的实时检测信号与给定值作差值,得到偏差的精确值,然后把误差模糊化处理,得到误差的模糊语言集合的一个子集,再作为输入条件,并根据模糊关系,经模糊控制器的模糊推理、合成得到模糊控制变量,最后经过去模糊化转化为实际的输出量,传送至执行机构。

模糊控制系统的结构图与一般控制框图类似,主要区别在于模糊控制器,由模糊控制器、执行机构、被控对象、测量装置以及用于信号转换的输入输出接口组成(图6-16)。

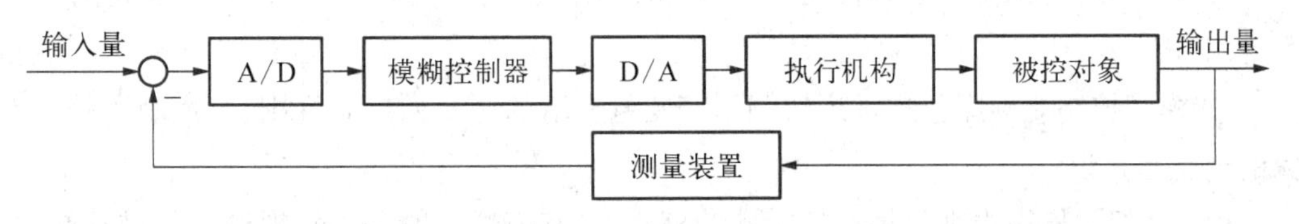

图6-16　模糊控制系统结构图

被控对象:模糊控制的被控对象与前一节讲的被控对象有所不同,不仅可以是线性的,也可以是非线性的;不仅可以是单变量的,也可以是多变量的;不仅可以是无时滞的,也可以是带时滞的。所以其被控对象与经典控制相比复杂得多。

执行机构：其接收控制器传来的信号，改变阀门等执行器的开度。

模糊控制器：模糊控制的核心。其主要作用是对输入量进行模糊化处理，经过模糊规则运算，完成推理决策。

输入输出接口：现实中的量均为模拟量，需要通过信号转换，即数模转换器把模拟量和数字量相互转化，使得模糊控制器实现控制作用。

测量装置：把流量、温度、压力、速度等非电量转换成电信号，使得控制器能够接收。

其中，模糊控制器通常由模糊化接口、知识库、推理机、解模糊接口四部分构成，其具体结构如图 6-17 所示。

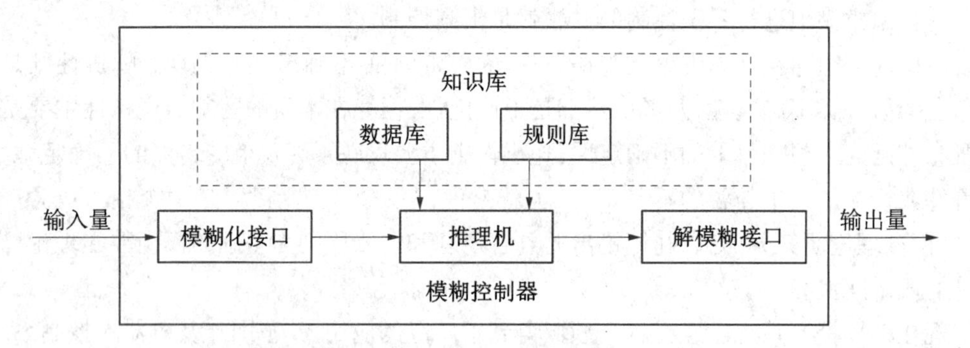

图 6-17　模糊控制器的基本构成

模糊化：模糊化的作用是将输入的精确量转化成模糊化量。其中的输入量包括外界的参考输入、系统的输出或状态等。模糊化的具体过程如下：

① 首先对输入量进行处理变成模糊控制器要求的输入量。

② 将已经处理过的输入量进行尺度变换，使其变换到各自的论域范围。

③ 将已经变换到论域范围的输入量进行模糊处理，使原先精确的输入量变成模糊量，并用相应的模糊集合来表示。

知识库：知识库包含了具体应用领域中的知识和要求的控制目标，通常由数据库和模糊控制规则库两部分组成：

① 数据库主要包括各语言变量的隶属度函数、尺度变换因子及模糊空间的分级数等。

② 模糊控制规则库包括了用模糊语言变量表示的一系列控制规则，其反映了控制专家的经验和知识。

模糊推理：模糊推理是模糊控制器的核心，具有模拟人的基于模拟概念的推理能力，推理过程是基于模糊逻辑中的蕴含关系及推理规则进行的。其运算方法最常用的有以下两种：① 模糊蕴含最小运算（Mamdani）；② 模糊蕴含积运算（Larsen）。

解模糊：去模糊化的作用是将模糊推理得到的控制量（模糊量）变换为实际用于控制的清晰量，包括以下两个内容：

① 将模糊的控制量清晰化变换成表示在论域范围的清晰量。

② 将表示在论域范围的清晰量尺度变换成实际的控制量。

常用的解模糊方法有最大隶属度法、取中位数法、重心法(centroid)等。其中,重心法是模糊控制系统中采用较为广泛的一种解模糊方法。

3. 模糊控制系统的设计

首先,我们先来了解一下模糊控制系统有哪些类型,因为不同的模糊控制系统具有不同的系统结构与特征,所以在设计分析系统时要知道我们要设计的是哪一类系统,进而根据具体情况选择合理的方法去完成设计。

根据模糊推理规则是否具有线性特性,模糊控制系统可分为:

① 线性模糊控制系统:其偏差控制可以用一组模糊控制规则来设计,尽管自身具有一定的鲁棒性,对于非线性严重的被控对象,不一定能够满足要求。

② 非线性模糊控制系统:对于有快速跟踪目标要求的系统或非线性特性环节较多的系统,优先考虑非线性模糊控制系统。

根据被控量是否恒定,模糊控制系统可分为:

① 恒值模糊控制系统:如果系统的期望值不变,那么输出量也应保持恒定,另外外界干扰是有界干扰,此时系统自动克服干扰。

② 随动模糊控制系统:如果系统期望值为时间的函数,需要控制系统的输出量按照一定精度要求跟随给定值,那么克服扰动不是主要目标,比如机器人的关节位置便是利用模糊控制位置随动系统。

根据稳态误差是否存在,模糊控制系统可分为:

① 有差模糊控制系统:如果系统的设计只考虑系统输出误差的大小,那么这样的系统称为有差模糊控制系统,一般的模糊控制系统都是存在稳态误差的。

② 无差模糊控制系统:一般要使控制系统没有稳态误差,控制器均选择带有积分环节的 PID 控制器。如果在模糊控制器中引入积分环节,那么可以达到无差模糊控制系统的要求。但这里的无差仍然是一个模糊概念,只能是某种程度上的无差。

根据模糊控制器的输入量与输出量,模糊控制系统可分为:

① 单变量模糊控制系统:如果模糊控制器的输入变量与输出变量均只有一种,那么称之为单变量模糊控制系统。但单变量模糊控制器的输入可以有多个,例如输入可以是偏差一个量,也可以是偏差与偏差的变化两个量,甚至可以再加上偏差变化的变化成为三个量。

② 多变量模糊控制系统:如果模糊控制器的输入变量与输出变量为多个量,那么称之为多变量模糊控制系统。当然,设计多变量模糊控制器是比较困难的,可以通过解耦来分解成多个多输入单输出的模糊控制器,来简化设计的难度。

若要设计一个模糊控制系统,首先明确其主要的组成部分。一个典型的模糊控制系统主要由以下几个部分组成:输入与输出语言变量,包括语言值及其隶属度函数;模糊规则;输入变量的模糊化方法和输出变量的去模糊化方法;模糊推理算法。

构建一个模糊控制系统的步骤如下：

① 确定输入、输出语言变量及其语言值；

② 确定各语言值的隶属度函数，包括隶属度函数的类型和相关参数；

③ 确定模糊规则；

④ 确定模糊运算方法，包括模糊化方法、模糊推理方法、去模糊化方法；

⑤ 相关算法的实现。

4. 自适应模糊控制

如果一个控制系统能够在运行过程中实时修改与调整模糊控制器的模糊规则，不断改善系统的控制性能，直到达到预期的结果，那么这一类模糊控制器称为自适应模糊控制器。自适应模糊控制器在模糊控制的基础上增加了三个方面的模块，分别是规则修正、控制量修正、系统性能的修正。以输入偏差的控制为例，自适应模糊控制器的结构如图 6-18 所示。

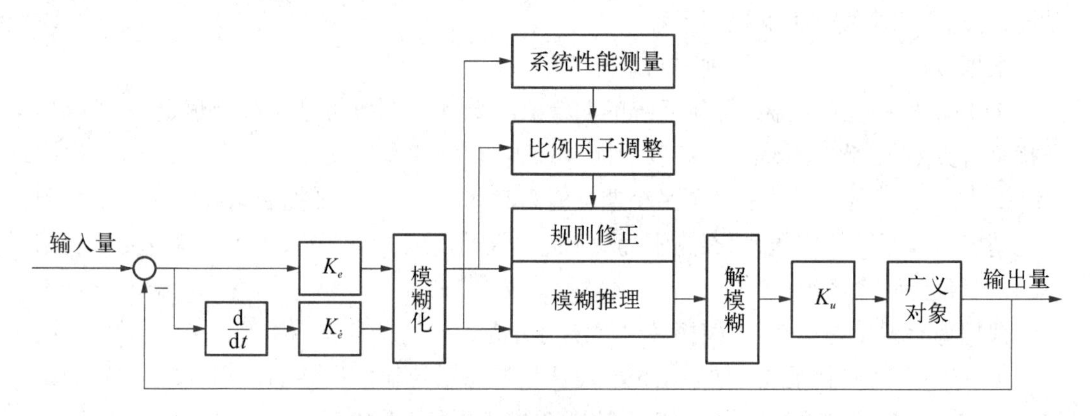

图 6-18　自适应模糊控制器基本原理图

自适应模糊控制通过具有自适应学习算法的模糊逻辑系统来调整模糊逻辑系统的参数，从而实现优良的控制性能。一个自适应模糊控制器可以用一个单一的自适应模糊系统构成，也可以用若干个自适应模糊系统构成。与传统的自适应控制相比，自适应模糊控制的优越性在于它可以利用操作人员提供的语言性模糊信息，而传统的自适应控制则不能。这一点对具有高度不确定因素的系统尤其重要。

为了提高模糊控制器的适应能力，普罗齐克（Procyk）和曼达尼（Mamdani）提出语言自组织模糊控制器（SOC），直接修正模糊规则，是一种规则自组织模糊控制器。拉朱（Raju）对控制规则进行分级管理，提出自适应分层模糊控制器。林肯（Linkens）等学者提出了规则自组织自学习算法，对规则的参数以及规则数目进行自动修正。

常见算法有梯度下降法、变尺度法、奖罚因子学习法等，而且随着神经网络的深入研究，采用神经网络来解决这类模糊控制器的规则表示及学习算法问题已经逐渐成熟。另外，遗传算法作为一种新的搜索算法，具有并行搜索、全局收敛等特性，可以解决一般模糊控制器中隶属度函数及规则的参数调节问题。

6.3.3　专家控制

1. 专家系统的工作原理

专家系统是一个具有智能特点的计算机程序,它的智能化主要表现为能够在特定的领域内模仿人类专家思维来求解复杂问题。因此,专家系统必须包含领域专家的大量知识,拥有类似人类专家思维的推理能力,并能用这些知识来解决实际问题。

例如,一个医学专家系统就能够像真正的专家一样,诊断病人的疾病,判别出病情的严重性,并给出相应的处方和治疗建议等。烧瓷的师傅根据窑内火焰的颜色来判断温度,狙击手根据风向来改变射击角度。这些人都是某领域的专家,他们基于自己的经验和推理来解决问题。丰富的知识和推理能力决定了专家的水平。

目前,专家系统在各个领域中已经得到广泛应用,并取得了丰硕的成果,例如个人理财专家系统、寻找油田的专家系统、贷款损失评估专家系统、各类教学专家系统等。

2. 专家系统的典型结构

专家系统的结构要依据系统的应用环境与所执行任务的特点来确定,其结构选择是否恰当,关系到最终的效率与实用性。专家系统通常由知识库、推理机、解释器、综合数据库、人机接口等五个部分构成。其结构框图如图 6-19 所示。

专家系统主要结构的功能如下。

知识库:通过存储结构存储某个领域专家的经验,包括一系列事实与可行的操作与规则。建立知识库主要需要解决两个问题:一个是知识获取,主要解决知识工程师从专家获得纳入知识库的知识的问题;另一个是知识表示,也就是如何把这些知识转化成计算机能够理解的形式与指令。

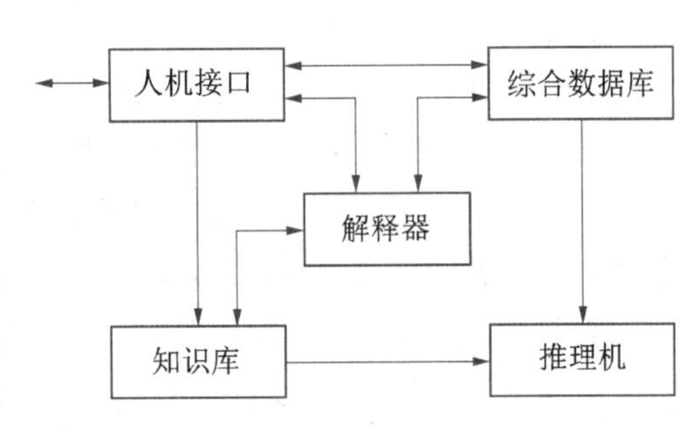

图 6-19　专家系统的典型结构

综合数据库:用来存储解决问题的初始数据以及推理过程中的初始数据。

推理机:针对当前问题的条件或已知信息,反复匹配知识库中的规则,获得新的结论,以得到问题求解结果。在这里,推理方式可以有正向和反向推理两种。正向推理是根据条件匹配到结论,反向推理则先假设一个结论成立,看它的条件有没有得到满足。推理机就如同专家解决问题的思维方式,知识库就是通过推理机来实现其价值的。

解释器:通过解释器可以向用户解释专家系统的行为,包括解释推理结论的正确性以及系统输出其他候选结果的原因等。人工智能中的知识表示形式有产生式、框架、语义网络等,而在专家系统中运用得较为普遍的知识是产生式规则。

人机接口:是用户与系统进行对话的界面,用户通过人机接口向系统输入数据、提出问题及获取结果,系统通过人机接口要求用户回答系统的询问,回答用户的问题与解决问题。

3. 专家系统的特点与类别

专家系统需要大量的规律性知识,这些知识是有组织的、显式表示的,可以用来解决

各式各样的实际问题。专家系统有如下一些特点:

① 知识采用结构化表示,便于知识推理;

② 处理的问题一般具有模糊性、不确定性与不完全性;

③ 解题过程采用演绎方法、归纳方法与抽象方法;

④ 推理过程为启发式的,即推理过程是不固定的;

⑤ 知识库与推理机是分离的,保证了互相不受影响。

根据专家系统的任务类型来分,可以将其分为以下几种类型。

解释专家系统:通过对已知信息和数据的分析,确定其含义,此类系统处理的数据量较大,而且这些数据往往是不准确的或者不完全的;能从这些不完全的信息里得出解释,并对数据做出假设;推理过程虽然有可能非常复杂,但能对其做出解释。

预测专家系统:对过去与未来的已知状况进行分析,推测未来可能的情况,此类系统处理的数据变化性较强,大部分是不准确的;需要动态模型从不稳定的信息中得出预报,实现快速响应。

诊断专家系统:通过观察出的情况推断故障的原因,此类系统可以了解被诊断对象组成部分的特性与联系;可区分出其中的现象以及所掩盖的另一现象;能从不确切的信息中得到相对准确的诊断。

规划专家系统:寻找能够达到目标的一种步骤或路径,此类系统所规划的目标可能是静态目标也可能是动态目标,对后续动作需要进行预测;需要抓住重点目标,并处理好各个子目标之间的关系,得到可行的规划。

设计专家系统:根据设计的具体要求,找到满足该设计问题要求的目标配置,此类系统能够面对各种子问题,并善于处理彼此之间的关系;能够试验性地给出可能设计,并易于修改。

监视专家系统:对系统或对象的行为进行观察,并把应该具有的行为进行比较,如果发现异常则发出警报,此类系统具有快速反应能力,事故前及时发出警报;警报具有较高的准确性,不会轻易发出;能够动态处理信息。

控制专家系统:管理被控对象的所有行为,满足我们的期望,此类系统具有解释、预测、诊断、规划和执行等功能。

调试专家系统:对失灵的对象提供处理意见,此类系统同时具有规划、设计、预报和诊断专家系统的功能。

教学专家系统:根据学生的不同情况,给出最合适的教学方法,此类系统具有诊断和调试等专家系统的特点;人机界面十分友好。

修理专家系统:对故障的对象进行修理,使其恢复,此类系统具有诊断、调试、执行、计划、决策和咨询等专家系统的特点。

以上这些系统均为传统的人工智能专家控制方法,其一般采用产生式规则和框架式结构来表示知识,进而形成规则,但有时即使是专家本人也无法利用这些规则表达他们的经验,所以需要找到新的方法去解决这个问题。近年来,人们逐步采用神经网络去建造新的专家系统,这种基于神经网络的专家系统利用的是隐式的知识表示,不同于传统专家系

统的显式表示。神经网络具有的学习功能能够更为方便地进行知识获取，十分有效。

6.3.4　神经网络控制

1. 神经网络的类型

模糊控制利用一些先验知识近似推理，从而对系统在一定范围内进行模糊性的控制，但实际工程应用中有许多缺乏自学习能力的非线性系统，模糊控制不能自动生成或调整隶属度函数或者模糊规则。因此，新兴的神经网络通过模拟人脑的工作机理实现机器的部分智能行为，对一些环境的变化具有在线学习与自调整能力。神经网络由大量简单的处理单元即神经元，通过广泛的相互连接，构成了一个复杂网络系统，适合去处理语音图像识别、组合优化计算和智能控制等问题。

神经网络经过了大致四个阶段的发展，在发展初期主要是多种网络模型的产生以及确定学习算法，1944 年 Hebb 提出 Hebb 学习规则，1957 年 Rosenblatt 提出感知器模型，1962 年 Widrow 提出自适应线性元件模型，神经网络系统理论得到了一定程度上的丰富。其中理论发展经历了一段停滞期，在 20 世纪 70 年代，*Perceptions* 一书指出简单的神经网络只能求解线性问题，理论上不能证明感知器模型扩展到多层网络是有意义的，许多专家便放弃了这一方向，但仍有一些科学家坚持着。在长达十年的低潮之后，神经网络的发展迎来了黄金时期，美国加州工学院物理学家 John Hopfield 提出了著名的 Hopfield 模型，模仿人脑的神经网络模型解决了这样一个问题，使得神经网络再一次成为发展的热点。

我们已经知道神经网络是由许多神经元按照一定规则连接所构成的，那么不同的网络拓扑结构将展现出神经网络的不同特性。因此，神经网络主要分为下列几种类型：前馈型神经网络、反馈型神经网络、随机神经网络与自组织神经网络。

2. 神经网络的模型与结构

(1) 前馈型神经网络

前馈型神经网络是分层排列的，分为输入层、隐层、输出层，每层的神经元仅接收前一层的信号输入。前馈网络结构简单，易于编程，是一种静态的非线性映射，可以通过简单的非线性处理单元的复合映射去处理复杂的非线性问题。比较典型的前馈型神经网络有感知器、BP 神经网络等。图 6-20 是前馈型神经网络的结构图。

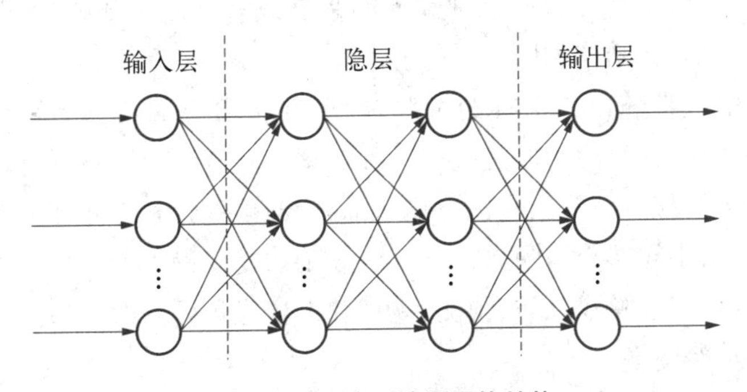

图 6-20　前馈型神经网络结构

前馈型神经网络的其中一种为感知器，由 M－P 网络发展而来，单层感知器只有一层处理单元，但感知器在结构与学习规则上有一定的局限性。例如感知器的转移函数为阈值函数，所以只适用简单的分类问题，另外也只能对线性可分的向量集合进行分类，而且如果输入样本中还存在奇异样本，网络训练花费的时间也会较长。

除了单层感知器，BP 网络实现了多层前馈型神经网络，称为误差反向传播的 BP 网络学习算法的学习过程主要是由信号的正向传播与误差的反向传播构成的。这种传播过程是周而复始的，各层权值不断调整的过程就是网络的学习训练过程。虽然 BP 网络的学习算法具有较强的泛化能力与容错性，但是缺点也在于寻优的参数多，收敛速度也比较慢，难以适应实时控制的要求。

RBF 网络与 BP 网络的主要区别在于使用不同的转移函数，两者的学习过程类似，但 RBF 网络在逼近能力、分类能力和学习速度方面都存在优势，它是一种具有单隐层的三层前馈型神经网络，主要用于非线性系统辨识与控制，虽然具有唯一最佳逼近的特性，但由于隐节点中心难以求解，因此 RBF 网络难以广泛应用。

（2）反馈型神经网络

反馈型神经网络是指从输出到输入均有反馈，任意一个神经元可以同时接收来自前一层各节点的输入与后面任意节点的反馈，反馈型神经网络的每一个节点均为一个计算单元。典型的反馈型神经网络为 Hopfield 神经网络，图 6-21 为一般的反馈型神经网络结构。

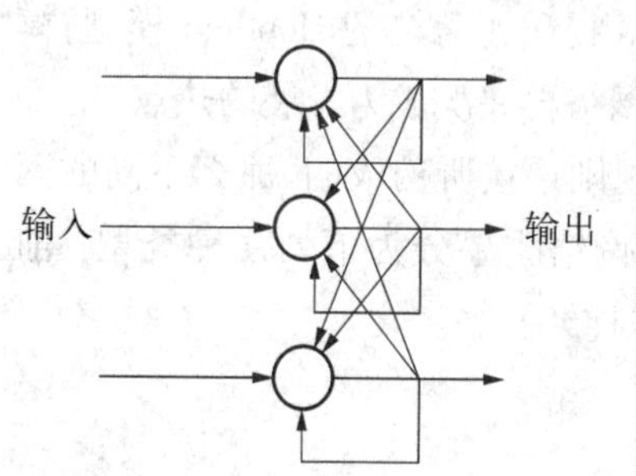

图 6-21　反馈型神经网络

Hopfield 神经网络是一种广泛应用的典型的反馈型神经网络，是一个由非线性元件构成的全连接型单层反馈系统，其中的每个神经元都把自己的输出传送给其他神经元，并接收来自其他神经元的信息。Hopfield 神经网络多用于控制系统设计中的求解约束优化问题，在系统辨识中也有应用。但所用的算法追求能量函数的单调下降，所以得不到期望的全局最优解。

（3）随机神经网络

随机神经网络是由概率神经元件构成的网络，对神经网络引入了随机机制，每一个神经元都是依据概率进行工作的，就像神经元的兴奋或者抑制是随机的。典型的随机神经网络有玻尔兹曼机等，其结构如图 6-22 所示。

玻尔兹曼机是一种随机二值神经网络模型，在很多方面与 Hopfield 神经网络相似。与其他神经网络相比，在学习阶段是按照某种概率分布修改，在运行阶段也是根据某种概率分布决定状态的转移。玻尔兹曼机由输入部分、输出部分和中间部分组成，输入与输出部分为显见神经元，中间部分为隐见神经元。玻尔兹曼机提供了一种可用于寻找、表示和训练的普遍方法，可用于模式分类、预测、规划和组合优化等方面。

（4）自组织神经网络

自组织神经网络也称为自组织竞争神经网络，其输出神经元相互竞争，胜者决定哪一

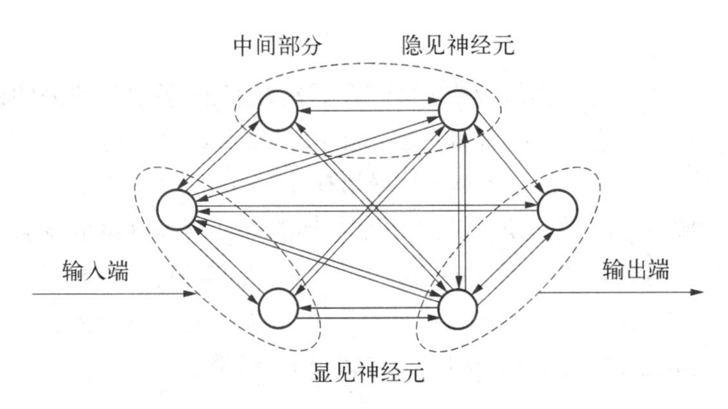

图 6-22　随机神经网络结构

种原型模式可代表输入模式。典型的自组织神经网络有 Kohonen 网络,其映射过程的结果能使无规则输入进行自动排序,达到自动聚类的目的。其结构如图 6-23 所示。

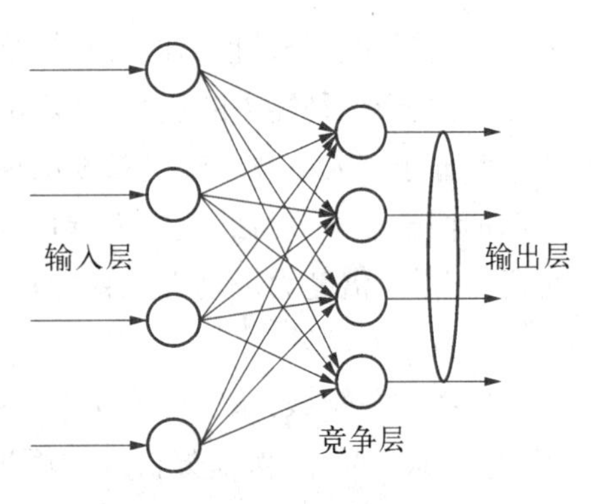

图 6-23　自组织神经网络结构

Kohonen 网络又称为自组织特征映射,简称 SOM 网络,其基本结构分为输入层与输出层(也称为竞争层),常见的神经元排列方式有一维线阵、二维平面阵。其中输出按一维线阵组织的 SOM 网是最简单的自组织神经网络,按二维平面组织的 SOM 网应用最广泛。SOM 网络具有对输入空间的近似、拓扑顺序、密度匹配、特征选择等主要功能,但作为无监督学习网络,其缺点是不能利用导师信号。

3. 神经网络的应用与趋势

人工神经元网络时下应用最广泛的两个领域是计算机视觉和自然语言识别,分别是对人类视觉和听觉的模拟。这两个领域最热门的应用场景就是无人驾驶和各种各样的对语音的识别应用,比如智能音箱、语音输入、即时翻译等。

通过之前对神经网络的了解,我们知道神经网络主要有以下几个特点:

① 模式分类:这类问题在神经网络中的表现形式是将一个 n 维的特征向量映射为一个标量或者向量表示的分类标签。神经网络强大的非线性能力可以很好地刻画非线性分类曲面,带来更好的模式识别功能。

② 聚类:聚类和分类不同,分类需要告诉神经网络已经有正确分类的样本,然后进行有监督的学习。聚类就不一样了,不需要告诉人工神经网络已经分好类的样本,让神经网络根据提供的样本自己分类,当然分成几类还是需要跟它“沟通”好的。

③ 回归与拟合:这是神经网络最为基础也是最擅长的内容。

④ 优化计算:就是在一组约束条件下寻找一组参数组合,使得该组合确定的目标函数达到最小值。部分神经网络是通过调整权值矩阵来使输出误差最小化的,这个过程有

一定随机性,不需要求导。

⑤ 数据压缩:人工神经网络把特定知识存储在权值中,就是把原来的样本用较少的数据只对其特征进行描述,做到“言简意赅”,在需要的时候再恢复原来的样本。

拥有这些优点的神经网络在人类各领域都有着不同程度的应用。

生活相关领域:目前,在人类的衣食住行中都能看到神经网络的身影。无人驾驶无疑是神经网络最火的应用之一,特斯拉、Google、Uber、百度等科技巨头无一不在该领域进行了多年深耕,按照国际汽车工程师协会(SAE)的分类标准,包括这些科技巨头在内,不管是传统车企,还是互联网造车新势力,都在朝着 L5 级努力——虽然在这个过程中也经常会有血淋淋的教训。

基于语音识别的各种应用,比如智能音箱、即时翻译等,时下百度、阿里、小米、华为、亚马逊这些知名公司推出的各种智能音箱数不胜数,手机中的各种语音助理也是名目繁多,随着语音识别能力的提高,必定给人们的生活带来更多便利。

服务于个人以及家庭的私人助理飞速发展,随着对个人及家庭偏好和习惯的了解,这些助理们已经可以帮助人们进行日常管理、日程安排、问答服务。目前的发展还处于初级阶段,还需要借助大规模人工智能技术进行服务升级,扩展到护理、情感交流等目前还依靠人类劳动的领域。

生产相关领域:在汽车行业中,除了自动驾驶,神经网络还在燃油喷射控制、自动刹车系统、熄火检测、保修分析等方面进行了应用。在电子行业中,神经网络在集成电路芯片布局、过程控制、芯片故障分析、机器视觉、语音合成、非线性建模等领域进行了应用。在石油和天然气行业中,神经网络在油气勘探、油藏建模、油井处理决策、地震分析、智能传感信号分析等方面进行了应用。在其他制造行业中,神经网络在流程控制、产品设计与分析、过程与机器诊断、可视化质量监测、产品缺陷分析、项目投标等方面都进行了应用。

娱乐相关领域:在电影行业如电影动画设计、特效制作和市场规模预测中都能看到神经网络的身影。“新零售、新电商”是目前电商领域的热词,神经网络早已在电商领域进行了应用,推动电商的发展,精确瞄准客户的“钱包”,阿里巴巴在这方面无疑走在了世界前列:智能导购、智能客服、客户消费行为描述、广告推送,已经提高了电商的赚钱能力。随着神经网络的发展,其在仓储物流管理、用户画像、场景营销等方面不断改善用户体验。

医疗相关领域:智慧医疗是目前医疗行业的“宠儿”,利用神经网络可以进行智能导诊、建立电子病历、医学影像分析、癌症早期筛查、假肢设计、移植时间优化等应用。目前,利用神经网络辅助医生进行诊断、提供诊疗建议已经在许多医院推广开来,这项技术对于医疗水平落后的偏远地区具有重要意义。

教育相关领域:在教育方面,神经网络早已实现作业批改、拍照搜题、英语口语测评等方面的应用。同时在智能评测、个性化辅导、儿童伴陪等领域也有了良好开端。神经网络的加入不会一蹴而就地改变备受诟病的教育现状,随着神经网络与教育的融合,不仅会影响教育方式,引发教育革命也未可知。

金融相关领域：对金融来说，最核心的内容就是数据，而处理数据是神经网络的拿手好戏。目前，神经网络在金融领域基础数据研究、量化交易、智能投顾、风险分析和控制、信用评估、现金流预测、汇率预测、不动产评估、借贷咨询、企业债券分级、公司财务分析、货币价格预测等方面都有应用。不仅如此，从金融产品开发到产品推荐，以及智能客服等方面，神经网络都有了很好的应用，将金融服务提升到智能化、个性化层次。同时，其在保险和证券行业的应用也日益加强。

电信相关领域：在电信领域，神经网络在图像和数据压缩、自动信息服务、实时口语翻译、客户支付处理系统等方面进行了应用。

交通相关领域：在航空领域，神经网络已经在自动驾驶、线路模拟、飞控系统、驾驶增强、部件故障诊断等方面进行了应用。在智能交通方面，神经网络在城市交通疏导、行车路径规划、车辆调度等方面进行了应用。

国防/安防相关领域：在国防领域，神经网络在武器操控、目标追踪与辨识、声呐和雷达信号处理（包括数据压缩、特征提取、噪声抑制等）等方面进行了应用。在智能安防领域，智能监控、安保机器人、智能消防已经有了长足进步。随着计算机视觉技术的发展，其在人体识别、车辆识别和跟踪、火灾预警等领域必将带来惊喜。

4. 智能机器人发展展望

当今机器人发展的特点可以概括为三方面：一是在横向上，机器人应用面越来越宽，从工业应用扩展到更多非工业领域；二是在纵向上，机器人的种类越来越多，包括微型机器人等；三是在智能化方面，机器人变得更加聪明。在云计算、物联网和大数据的大潮下，我们应该大力发展认知机器人技术。认知机器人是一种具有类似人类的高层认知能力，并能适应复杂环境、完成复杂任务的新一代机器人。

参考文献

[1] 王丽恩.基于人工智能视角的期刊出版业流程再造[J].扬州大学学报：人文社会科学版,2021,25(1)：9.

[2] 李开复,王咏刚.人工智能[M].北京：文化发展出版社,2017.

[3] 刘闻亮.从"十四五"规划看就业风向[J].成才与就业,2021(7)：4.

[4] 陆茂邦.论机器学习[J].计算机光盘软件与应用,2014,17(8)：2.

[5] 徐宗本.人工智能的10个重大数理基础问题[J].中国科学：信息科学,2021,51：1967-1978.

[6] 赵月莹.从数学思维角度浅析传统数学运算在未来计算机科学与技术领域中人工智能方面的应用[J].中国战略新兴产业,2018(1X)：2.

[7] 袁烽,阿希姆·门格斯.建筑机器人-技术、工艺与方法[M].北京：中国建筑工业出版社,2019.

[8] 程麟.智能机器人的发展趋势——简议汽车工业机器人[J].数字通信世界,2017(011)：126,210.

[9] 周忠旺.一种新型智能导引律及其仿真研究[J].航空兵器,2011(2)：5.

[10] 钱宇,向小军,杨军利.基于CLIPS的航天器预警专家系统的设计与实现[J].计算机仿真,2012,29(9)：4.

[11] 赵文龙,马沐光,颜弋乔.基于BP神经网络原理的医疗辅助平台[J].电脑知识与技术：学术交流,2022(002)：18.

图书在版编目(CIP)数据

人工智能基础与应用/司呈勇,汪镭主编.—上海:复旦大学出版社,2022.11
(人工智能赋能百业)
ISBN 978-7-309-16358-2

Ⅰ.①人… Ⅱ.①司… ②汪… Ⅲ.①人工智能 Ⅳ.①TP18

中国版本图书馆 CIP 数据核字(2022)第 144932 号

人工智能基础与应用
司呈勇 汪 镭 主编
责任编辑/李小敏

复旦大学出版社有限公司出版发行
上海市国权路 579 号 邮编:200433
网址:fupnet@fudanpress.com http://www.fudanpress.com
门市零售:86-21-65102580 团体订购:86-21-65104505
出版部电话:86-21-65642845
常熟市华顺印刷有限公司

开本 787×1092 1/16 印张 9.25 字数 202 千
2022 年 11 月第 1 版
2022 年 11 月第 1 版第 1 次印刷

ISBN 978-7-309-16358-2/T·719
定价:49.00 元